不管买到什么房子都有救！

悦生活

户型改造王

美化家庭编辑部　编

华中科技大学出版社
http://www.hustp.com
中国·武汉

目录
contents

拯救**不良客厅**户型的20种解决方法

只要把自然光引进客厅，坐在沙发上就会不自觉地微笑好久。

拯救**不良餐厨**户型的30种解决方法
厨房的收纳足够，杂物不蔓延到餐桌，餐厅和客厅就清爽了！

拯救**不良主卧室**户型的15种解决方法
主卧室，总是贪心地想要越大越好啊！

拯救**狭小夹层**户型的10种解决方法

把夹层变高、变大！就像看一场精彩的空间魔术秀。

拯救**狭长型住宅**户型的9种解决方法

真没想到狭长老房子也能重获明亮春天，像做梦一样！

拯救**超闷单身**户型的11种解决方法
一个人住也要宠爱自己多一些！

第三部分： 设计高手出马，户型改造一学就会

台湾住宅史上最常见的
难用户型一次拯救

看了好几个房子，就是看不到满意的户型?
预算太少，只能买到户型不合理的房子，却又担心后悔?
明明买的是方正的三房两厅，为什么住起来却不舒服?
大门开在中段没玄关、一进门就见厨房、
房间走道很浪费、衣橱放不下等各种生活乱象。
看尽30年的台湾的住宅空间、至少3500间房屋，
我们发现全部的建筑其实总结来说只有5种户型!

预算不多也不怕买便宜的房子，就算买错房也没关系，

因为，没有一种户型不能救。

本书使用方法：

第一部分

买房前必读→
房屋中介都搞不懂的秘诀让你知

错误观念 > 高楼层一定比低楼层好?
错误观念 > 三房两厅双卫很好用?
错误观念 > 只要有许多收纳橱柜，家里就会整齐?
只有盖房子的人，才懂得真正的好房子是哪一间!
本书以建筑达人口袋中的秘诀，教你西晒面绝对好过东
北面，潮湿也可能是风向造成的，以及在低预算内买到
最好的房子的秘密。

磨练你的眼力
→看穿5种户型公式隐藏的秘密

错误观念 > 通往房间当然要经过走道?
错误观念 > 有窗户就是有采光?
错误观念 > 一进门就看到客厅落地窗很正常?
买房时看了上百间房子，其实总共只有5种住宅户型!
本书由具有20年经验的室内设计师教你一套观察法，不
仅能有事先看透装修免花大钱的好户型，也让你自己就
可以想出最省钱的解救户型办法，拥有好采光、好收
纳、不浪费的梦想之家。

第二部分

对症下药解决你家的户型问题→

110个不良户型现形记+110种你已经面临的生活乱象

错误观念 > 动线就是走道、平方米利用率就是挤得满满的?

错误观念 > 厨房有冰箱的位置和流理台就很好?

想要玄关、餐厅很窄、厨房对着大门……详细的110种状况,都有易懂的解救秘籍,避免电饭锅只能摆地上、冰箱只能挤在走道的悲惨情况。

本书中110位设计师以详细的前后对照平面图,教你最多样、最简单的户型解决方法。

拯救进门无玄关的15种解法

拯救客厅无采光的20种解法

拯救老旧厨房小的30种解法

拯救主卧室乱糟糟的15种解法

拯救迷你夹层拥挤的10种解法

拯救传统狭长屋的9种解法

拯救超闷单身宅的11种解法

第三部分

高手提醒百间老屋改造的经验→最关键户型装修问题

错误观念 > 麻雀虽小,五脏俱全,什么空间都会很划算!

你的阳台宽度是否低于75cm?这种阳台只能是"罚站用"。

厨房宽度只有厨具加上1个人的宽度?

所有厨房家电都只能放在地上,根本是"0效率"。

本书的老屋通过高手剖析,各种看来都有、却无法使用的空间问题、困扰你家多年的生活烦恼,往往只需要移动一道墙,就可以完全解决!

跟着做，一定买到对的房子
中介不肯对你说的真心话

房子千百款，销售、中介总说自己手上正在推的房子最好，但真的是这样吗？搞不懂方位跟居住生活的关系、看不清楼层和房价的秘密、抓不到户型与面积利用率的关联，别轻易说你想要买房子。跟着会盖房子的建筑师蔡达宽，一起在预算内挑到最理想的好房子吧！

采访 | 陈佩宜　插图 | 陈彦伶　数据提供 | 蔡达宽建筑师事务所

Choose 01　建筑坐向

 ：一个小区里有好多栋住宅，我该怎么挑？

蔡达宽建筑师说：坐北朝南的住宅最舒适，其次是西南方。

"一座小区里有好多栋房，我该怎么挑？"这大概是许多屋主的心声，虽然对这个小区的周边生活功能或者是景观需求感到满意，但其中正在出售的房子有好几间，该买哪一间才对？最便宜的不见得是最好的吧？遇到这个状况的时候，蔡达宽建筑师建议，先以建筑的物理与气候条件来评估！

以整个台湾岛的地域性风向来看，冬天因为夹带台湾海峡海面湿气而来的北风、东北风，通常是又湿又冷，所以北海岸、宜兰、花东一带坐南朝北的房子，冬天住在里面可相当不是滋味，最后可能变成空屋养蚊子、一年只住夏天四个月。相对于容易湿冷的北面，面对南风、西南风则能享受温暖、干燥的夏季季风吹拂。再看日照的影响，台湾西半岛的房子虽然容易有西晒问题，特别像是淡水一带面向淡水河的景观住宅，绝对会有西晒问题，但蔡达宽建筑师认为，比起因坐向造成居住空间湿冷，他宁愿选择西晒，只要用上合宜的户型设计，太阳就是防止细菌滋生的最佳工具。

了解了风向与太阳行径路线，就可以知道东西南北不同坐向的房子，生活其中真的差别很大，在不考虑外在环境、景观状况下，选坐南朝北的房子住，绝对生活起来最舒服。

湿冷的东北风

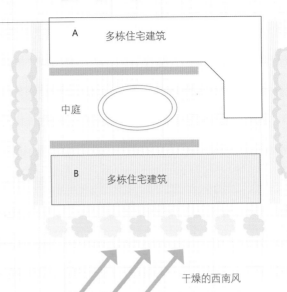

A 多栋住宅建筑

中庭

B 多栋住宅建筑

干燥的西南风

A区的建筑皆属坐南朝北的房子，势必在冬季要承受湿冷的北风与东北风的影响，如果室内空间又没做好除湿的话，朝北面的墙壁区域很容易处于潮湿的空气中，生活在其中会经常感到湿冷。要是又邻山区的话，那就更拿墙皮起鼓剥落没辙了！

结论：B优于A，即便低楼层也不错。

照不到太阳的阴面

先找太阳往哪走

A 多栋住宅建筑

中庭

B 多栋住宅建筑

西晒

B区南面的建筑群，所承受的是干燥的西南风或南风，且一年四季太阳都照得到，虽然不免会有西晒问题，但相较于A区建筑区北面的区域皆是无日照的阴面状况，住在B区的舒适度绝对比A区要好很多！

结论：B优于A，阳光最少的是A栋面向中庭的楼层。

Choose 02 楼层挑选

Q: 明明都是坐北朝南，为什么不同楼层价格差这么大？
蔡达宽建筑师说：10楼以下的房价比较低

以台湾为例，9·21大地震后所兴建的建筑，因为建筑法规的改革，在2000年后所兴建的住宅，其建筑结构系统所牵动的居住安全性、抗震舒适度，都比2000年前要好，当然房价上也较高，故屋龄超过15年以上的中古屋，其抗震度都较为堪虑。即便在符合耐震法规的前提下，钢结构系统与钢筋混凝土建筑所产生的建筑成本也大不相同。

其次，就算是在同样的钢结构建筑下，低楼层的结构成本又跟高楼层不同了！10楼以上的房子，受限于建筑法规与消防法规的规定，对排烟与升降设施等有特定的要求，也连带增加了楼面公共设施的面积占比，所以10楼以下的结构成本、消防成本低于10楼，房价自然较低！

再来，住宅建筑的户数问题对日后生活质量也有很大的影响。蔡达宽建筑师指出，很多合宜的住宅设计潜藏着很多问题在里面，譬如面积不大的状况下，室内隔了三间房，但其中一间房间却是"暗房"，就非常困扰；又或者某个房间墙面的背后就是电梯，那么电梯上上下下的运转行经过程，一定会对住户日常生活造成不便，这都与小区拼数设计、楼面规划有关。

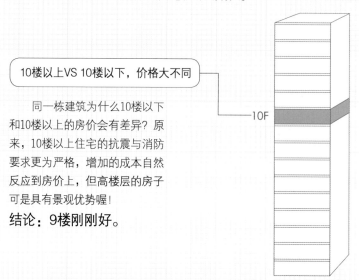

10楼以上VS 10楼以下，价格大不同

—10F

同一栋建筑为什么10楼以下和10楼以上的房价会有差异？原来，10楼以上住宅的抗震与消防要求更为严格，增加的成本自然反应到房价上，但高楼层的房子可是具有景观优势喔！

结论：9楼刚刚好。

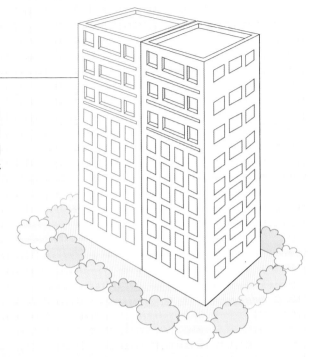

双拼住宅，四周采光佳

　　双拼住宅建筑最有机会做出标准L形的无走道、高面积利用率户型，这类型的房子至少能拥有两面半至三面采光，营造出舒适的生活空间。

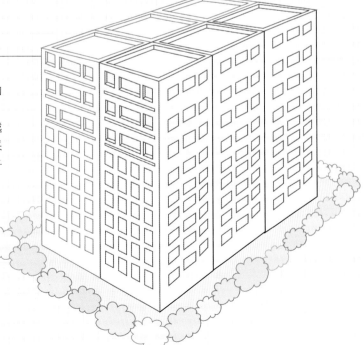

拼数越多，采光越差

　　双拼的住宅质量与六拼的住宅质量，绝对是不一样的。最直接的影响是，当拼数越多，就会有越多住宅单元的采光面减少，甚至可能有些房子只有单面采光。

结论：双拼优于多拼。

Choose 03 户型设计

Q：同一楼面，如何在有限预算内挑到最理想的房子？
蔡达宽建筑师说：零走道户型就是高面积利用率！

当我们将"室内设计"放到建筑师的住宅户型规划里，除非你是完全依照自身需求自地自建的独栋楼房，近年的建筑案例室内布局规划不外乎分成两种设计：

一、室内隔间规划是需要进到小走道再分别进入房间的布局方式。

二、另一种设计是环型户型设计，从住宅大门进入屋内后，先来到客、餐厅或厨房，再发散式地进到各个房间，形成不浪费有效平方米的零走道布局。

蔡达宽建筑师解释，会逐渐延伸出这两种主要隔间配置方式，不外乎与整体基地面有关。不管是双拼、四拼或六拼，甚至八拼的住宅，建筑师为了做出最节省动线的大楼设计，通常会将电梯（又称核心筒）安排在整个楼面的中心，但也因此会形成对该楼面的每个住宅单位产生较深影响的公共设施。部分住宅单元内一定会有"暗房"的产生，甚至会出现仅能靠后阳台的光线进入室内的糟糕状况。虽然有利于单价上的折扣谈判，但真要达到未来生活的舒适性，还是要靠室内设计来调整户型，将主卧、客厅等重要功能空间留给坐北朝南的较好的朝向，卫生间、厨房等次要空间则移到其他朝向。

因此，同一楼面里的多个住宅单位，即使室内面积都是198㎡，因为电梯位置、建筑坐向而发展不同的室内户型配置，这都会对日后的生活质量产生很大的影响。蔡达宽建筑师叮嘱，选择比较有效率的动线方式，就是挑到高面积利用率户型的前提！

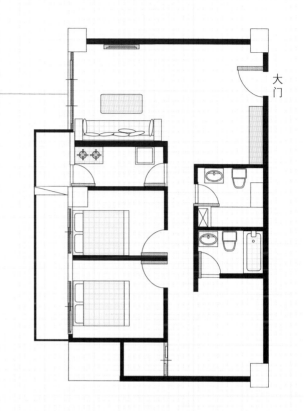

走道户型

一旦室内户型产生走道，对空间面积利用率而言，就是一种无形的浪费，因为走道处的空间几乎很难做到有效的空间运用，如果基地面积属于狭长形的话，走道等于是居家空间中最易被闲置的区域。

大门

环型户型

从住家大门进入屋内后，先是客厅、餐厅或厨房等开放空间，再发散式将私人空间布局环于空间四周，形成不浪费空间的零走道设计。如果房子又是坐北朝南、室内无暗房，那么就是一间好房子！

大门

五种常见典型户型难题破解大公开

买到什么房子都不会后悔，掌握为户型塑身的原则，太肥切掉、太瘦补起来就好。

买老房子，就像是在看"Old Fashion"一样，很旧的设计样式，有些人就是能穿出自我风格。那么买时下的期房、新房就一定最好用、不用改造吗？那可不一定，因为适合别人家的，不一定适合你啊！最重要的是，不管是哪个时代产物下的住宅户型，都能找出破解方案！

采访｜陈佩宜　数据提供｜将作空间设计、德力室内装修有限公司

如果你曾经买过房子，就会了解那过程是多么挣扎，每个对象总是有那么一点点不完美的地方，令你迟疑无法下手。"今天选到什么房子都没关系，因为你是依照经济能力的允许而买下这样户型、这样面积的房子，所以买到不完美的对象很正常；但只要有采光，设计师就能想尽办法给你一个定制化的好用空间，营造出屋主想要享受的生活氛围。"德力设计许宏彰设计师如是说，每一个改造的决定来自屋主的需求与预算考虑。

将作设计张成一设计师也认为，住在房子里的人才是最重要的！以前会觉得客厅是一间房子里最重要的地方，但如果房子采光条件差，应该首先重视卧室的通风与采光，客厅可以用人工光线来解决。有时候，利用斜切手法拉大采光面的做法，就像是帮户型做塑身的动作，太肥切掉、太瘦补起来！跳出老旧住宅的使用方式，例如移出卫浴间的洗手台，可以设计得像是一般家具的一部分，只是它的功能不是坐，不是置物，而是洗手。有时只要做一点小改动，房子就会很好用喔！

表面上：**三室两厅而且户型方正很好啊！**

实际上：**厨房小、走道长，房间放了床就放不进衣橱。**

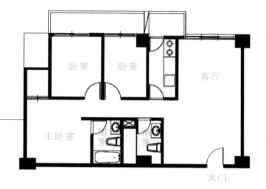

Before平面图

买下99m²的房子，但室内仅有74m²，加上房间形成的走道，导致当初建筑公司所规划的三室过小，根本无法居住。

[解决方法]

转个角度，小三室变成通透大三室

　　35～40年以上的旧公寓碍于当时的建筑法规背景，在北市周边乡镇形成一落落狭长街规划的潮流，这类的房子大多宽面不足、光线不良、通风差，内部户型更是存在一条难以发挥功能的走道。所幸此案虽然是单面采光，但其采光面在面宽较长的一侧，设计师重新检视每一个空间的使用状况，同时去掉平日不用的餐桌位置，以吧台及开放厨房取代，用斜面的方式加大室内采光面，利用厨房的屏风作为客厅主端景墙。客厅空间45°的斜角其实是相对于整体空间外框的角度，事实上，在设计师的专业调整下，客厅无论面对电视墙、厨房屏风墙、沙发背景墙都是方正而完整的。

隔间斜切45°，让室内以厨房吧台作为中心点。

两间小浴室打通成一大间更实用，随着客厅户型的改变使后半段呈三角形，细长的走道也不见了！

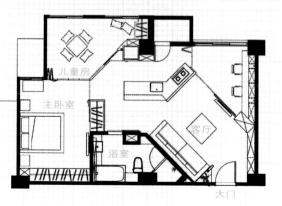

After平面图

设计师完全跳脱方格子户型的旧式思考，将玄关与书房不用的斜角切给客厅，形成一个转向45度的客厅，但神奇的是改变后客厅放大了，房间走道不见了，最重要的是坐在客厅时仍然是方正的空间感。

表面上: **左边客厅、右边餐厅，户型合理可以直接搬进去了！**
实际上: **没有玄关、没有足够收纳，是一切混乱的根源**。

Before平面图

92m²的新房拥有三面好采光，虽然室内规划是时下最流行的开放式客餐厅，但建筑开发商给的三室，着实让公共空间活动范围狭小，同时产生了不必要的走道。

[解决方法]

客房消失、隔间变柜子，动线好有趣

即便建筑开发商在同一小区里提供了标准化的住宅户型，但设计师可以根据建筑坐向、业主需求而提出定制化的设计方案。此户住宅使用人口相当单纯，对客房需求极低，两室两厅便足够小家庭成员使用，不需要再分隔出一间房。设计师将原本的客房开放出来，整合出一个书房兼餐厅的区域，而原本的隔间墙以书架取代一般的餐具柜，一方面提高书房比重、降低餐厅功能，另一方面在室内构成"回"字形的有趣生活动线。厨房与客厅中间以双面柜设计、两侧推拉门进出作为区隔，当厨房跟客厅间拥有彼此融入又区隔的弹性功能，等于掌控了大户型，同时将三面采光的优势提升到极致。

餐桌位置原本是一间房，开放后采光与功能运用得到大改善。

After平面图

改造的关键在于舍弃了不必要的客房，设置以书为家的核心设计，该区域规划成书房、餐厅双功能运用的区域，以书架与陈列架取代一般的餐具柜，并且采用"回"字形动线设计，让屋主不论是从儿童房、主卧室，或是从厨房进入这个结合餐厅的书房空间都相当方便。

表面上： 客厅有采光、还有客房和主卧室，感觉非常理想呀！

实际上： 窗户打开就被邻居全看到、客房占去太多面积。

Before平面图

92m²的住宅其户型方正，单面采光之处又与邻栋距离过近、隐私保护有问题，而两间卧室加上连接后阳台的封闭式厨房，占用掉室内大部分的面积，餐桌被迫放置在极宽的走道上。其次，两间极小的卫浴，毫无舒适感可言。

[解决方法]

楼间距过近，客厅内移多一个客房

买下屋龄仅10多年的中古屋，即使屋况还不算差、室内面积足够，但假使室内户型、功能与收纳安排不符合屋主需求，住起来其实是挺痛苦的。再者，房子与邻栋住宅过近，又是唯一的采光面，室内隐私的保护成为一大问题。设计师从客厅着手，将腹地内增加弹性客房，消除隐私顾虑，并改变沙发的位置，让所有的视听娱乐器材全数纳入，以暗管铺设。同时以强化玻璃区隔客厅与主卧室，维持穿透感，使光线得以自由照射。在主卧室另辟书写区，区隔男女主人的生活动线。过去主卧室仅有淋浴区，微调户型后，泡澡浴缸等一应俱全。室内各区域该有的收纳空间，也都被巧妙暗藏于墙面。

调整沙发方向，客厅内移以折叠门区隔出一个客房空间，既保护隐私又无碍空间利用率。

以床铺为中心的主卧室，后方为书桌兼化妆台，右侧是大浴室、床尾沿墙面架设层板。

After平面图

考虑到屋主夫妻为丁克族的特质，户型规划上将许多尚未被好好运用的过道空间，根据使用频率重新思考，重新分配到不同的功能空间。首先移除客房，将后阳台、厨房、餐厅整合成一个区域，而在客厅面光区域规划弹性隔间的客房，并重新对主卧室隔间与功能进行安排。

表面上: **132m²的房子有三室两厅加开放性厨房,很棒吧!**

实际上: **进门一步就撞见厨房墙、餐桌就在卧室门外面。**

Before平面图

这是一层一户的建筑规划案例,出了电梯有个外玄关、进到屋里又有个储藏间功能的内玄关,这样的设计着实已经浪费掉一些面积。有限的开放式客厨空间,仅能将餐桌摆在三间卧室的门外区域,过多的门片也让室内空间看起来拥挤、零碎。

[解决方法]

微调一点点,每个地方都会跟着完美

建筑开发商盖房子的原则是"找最大公约数",创造出大家看起来好像都可以接受的室内户型,但不一定好用!约略132m²的预售屋,有可以收纳鞋子的内玄关,客餐厨三区开放规划,还容得下三间卧室,听起来很好,对吧?可是住起进去后,很多地方都没那么舒适。设计师说,储藏空间太大又放在最靠边的一排,没什么意义,把大门出入口换个边,原本的储物间改成厨房刚刚好,加上餐桌就是完整的餐厨空间。保留内玄关的必要性,要以整体户型来权衡轻重。接着,将客浴洗手台拉出,在其隔间墙的背面规划更衣室,就这样提高两间卧室的功能。设计师将每道隔间墙面、门片做一步步的微调,每个房间就跟着完整、方正起来了!

原本狭长突兀于室内的客浴,将洗手台移出,就能从餐厅直通次卧室。

改造后的主卧室,成为一次拥有书房、更衣室与卫浴间的多功能商务套房。

After平面图

将进出大门换一边、去掉没有意义的储物间,把开放式厨房移入,餐桌顺势递补到最佳位置,连接起客厅与厨房。将原本的小三室,在兼顾主卧室、次卧室的前提下,微调修整出方正的主卧大套房与次卧小套房,两间卧室功能大大提升,卫浴空间也舒适多了。

表面上：**一间房拥有四面采光真是难得一见的极品啊！**

实际上：**五边形户型怎么分隔，都会产生畸零地，好浪费空间。**

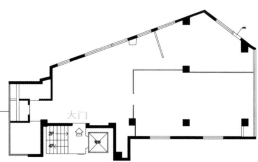

Before平面图

30多年的老房子拥有几乎四面采光的优越条件，却受限于基地关系而使整体建筑物面积呈现极不方正的五边形状况，导致内部户型配置相当棘手。

[解决方法]

将柱体间的空隙作为收纳或游戏间

要把原本是办公室的室内空间，改造为住宅空间，本来就是件很费工的事，偏偏遇上基地面积呈不规则的五边形、挑高仅265cm，可以说是改造难度极高的案例！141m²的户型平面可以提出2、3种提案，但老屋面临管线更新之余，设计团队还得替屋主看紧钱包。在迁移管线变动不大的前提下，设计师利用屋况特性来展现空间特色，同样维持主卧室、儿童房与书房的三室需求，借由调整隔间方式，创造出开放又具独立性的客餐区域。原本很狭小的两个卫浴间，在更改了配置与动线后，很明显地宽敞了不少。

非方正户型的书房，只要通过书桌摆设位置就能将空间感拉正。

141m²的空间里不免有许多大柱体，利用因而产生的畸零地作收纳安排。

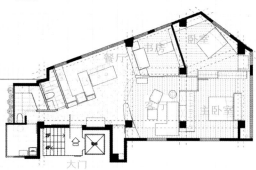

After平面图

基于预算考虑，在卫浴间与厨房管线不改动的前提下，着手户型配置。设计师掌握的技巧在于，通过隔间与家具配置尽可能将空间感拉正，然后善用柱体所产生的畸零地作收纳或儿童专属的游戏区，房子就会变得很好使用。

三人行必有两师、设计师+风水师

好运不来？
最常见家居五大煞气化解绝招

嫌建造公司的户型不好？
请风水老师来看过之后，才知道有许多地方要变更？
其实一般住宅最常见的不外乎以下五种煞气，
想要漂亮化解，就来看以下的介绍。

专业知识：

装修前，屋主必知的四个风水新解

① 风水，不过是设计条件之一

　　风水也可以看作是屋主的"喜好"之一，是设计中的条件限制，看条件能不能成立，一切只是沟通协商的结果，结果则会影响设计上的难易与预算多寡。

② 动线、采光、空气，现代风水三要素

　　风水可视为是一种能量转换，只要动线好、采光好、空气流通就是好风水，举例来说，许多现代大楼的玻璃窗都是固定式不可开启，空气无法对流，就无所谓穿堂煞的问题。

③ 对象年代有别，风水意义不同

　　以行为学的角度看风水，许多风水问题经过时间的改变，已不复存在，例如，在过去卫生间、厨房被认为是污秽之地，要想办法藏起来。如今浴室设备与厨具设计动辄数十万元的预算，地位早已大大提升。

④ 三人行必有两师，风水师+设计师

　　在装修前的讨论阶段，屋主可请风水师和设计师同时到场沟通，由设计师提出几种方案之后，让风水老师决定之后才进行绘图执行，可免去许多事后改设计、加预算的困扰。

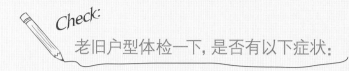
✗ 穿堂煞｜空气流通不停，无法聚财。

此为一进门就会直视客厅窗外的动线，简单地说，前门通后门的户型，就构成穿堂煞的条件。

✔ 你可以这样解：

穿堂煞是室内设计上最常遇到的问题，解法上需要设立玄关加以屏蔽，以达到回风转气的效果。近年来由于观念改变，玄关材质与设计手法多样化，透光、轻量、线条简洁是趋势，可以采用木格栅、镂空展示柜、艺术玻璃屏风等设计来化解这个问题。

✗ 穿心煞｜有苦说不出，容易吃闷亏。

大梁从门口直穿客厅入房或横切屋面，仿佛一箭穿心，称为穿心煞。

✔ 你可以这样解：

最常见的做法是利用顶棚顺势将梁包起来，形成隐藏式的冷气出风口，或是用多层次、阶梯式的顶棚间隔，让梁本身变成装饰的一部分。进阶的做法还有另做假梁与真梁形成"十"字形、镜面包覆大梁等方式。

✗ 冲灶煞｜家庭开销大，家人易不和。

厨房是财库之所在，若大门打开就看见炉火位置或是坐在客厅可直视炉火，都称为冲灶煞。

✔ 你可以这样解：

一般为开放式厨房较容易产生冲灶煞，建议可以采用拉门或玻璃门加卷帘来隔绝视线，或是在炉火前方加设较高的中岛台面来遮挡即可。

✗ 水火煞｜家人容易生病。

炉火位置与浴室门直接相对，厕所的秽气会直冲厨房，因此，家人会有免疫力不佳的状况发生。

✔ 你可以这样解：

此种状况最好的办法是改动户型，将厕所的门转向，若预算不足、墙面真的无法移动，则要利用各式帘幕遮挡，或是将厕所门改为暗门、隐藏门来处理。

✗ 门口煞｜口舌争吵、是非多。

住家中有两个房间门正面相对，门对门会容易产生意见不合的现象，所以称为斗口煞。

✔ 你可以这样解：

化解方法可在门框上做变化，最常见的是垂挂布帘、线帘等遮掩，或直接打墙更改出入口，可视屋主的预算而定。若房间为共享的书房、起居室，则可将门改为穿透性佳的玻璃门或镂空门来化解。

*110*个不良户型现形记

×

*110*种你已经面临的生活乱象大破解

大门开在中段没玄关、一进门就见厨房、房间走道很浪费、
衣橱放不下等各种生活乱象，每天困扰着全家人。
经验丰富的设计高手来改造，只要改动一个位置，没有一种户型不能救。

缺少玄关，生活杂物、隐私都被看到啦！真没安全感。

拯救**无玄关**户型

case01

看房第一眼OS

"一进门就看到厨具在旁边好奇怪啊!"

"门口完全都没有可收纳鞋子的空间。"

B e f o r e   s t o r y

　　四室两厅的新房户型方正工整，唯一美中不足的是原始屋况为开放式的厨房规划，导致一进门就见灶，进门处毫无缓冲与可遮蔽的玄关空间。客厅则因四室的需求而变得局促，令空间感不够开阔，十分可惜。

B e f o r e

改造大重点**玄关**

只要一道柜子

改造王·
杨崇毅·原晨设计
02-89704007

鞋柜当隔间，顺利分离玄关与厨房

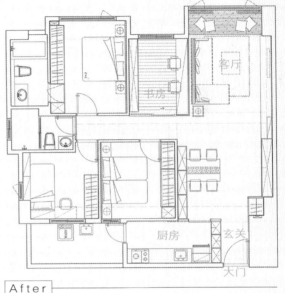

👍 户型第一步idea

"在玄关与厨房中间多加一道柜子，立刻让进门处有了玄关，也获得更多收纳鞋子的空间。"

After story

设计师增设入口与厨房之间的柜子，搭配玻璃拉门创造独立的厨房空间。也将紧临客厅的卧室规划为书房，以玻璃隔间让客厅视线延伸，空间感自然而然就扩大了，让此户空间户型透过微调就能得到完美拯救。

After

· 面积：105.6m² · 室内户型：四室两厅 · 居住成员：夫妻

缺少玄关，生活杂物、隐私都被看到啦！真没安全感。

拯救**无玄关**户型

case02

● 看房第一眼OS

"推开门直视厨房及墙壁，感觉风水不好。"

"完全没有玄关收纳的功能。"

Before story

位于高层的四室两厅新房，虽然方正大气，但开放式户型导致了开门见灶的风水忌讳及走道面壁的窘况。面对视野受限的局促感，如何引导视线与动线，创造业主喜爱的宽敞大宅是设计的关键。

厨房

客厅

大门

Before

改造大重点**玄关**

只需转个方向

改造王·
廖正壹
成吉思汗室内设计
02-27858086

微调入门动线，创造大气门厅

 户型第一步idea

"将玄关转个方向，不仅引导视线、动线与气流到客厅，也让玄关、厨房都有好多的收纳空间。"

After story

设计师巧妙调整玄关原开口处，对厨房及走道的移动方式，并以斜角削切手法处理强化，让玄关扮演引导进入客厅的暗示角色，也创造气流引导功能。让人在踏入玄关转向客厅时，便可临场感受形塑空间的压缩与伸展术，感受到气势磅礴的门厅风范。

厨房

玄关

客厅

大门

After

· 面积：159m² · 室内户型：四室两厅 · 居住成员：夫妻、子女

缺少玄关,生活杂物、隐私都被看到啦!真没安全感。

拯救**无玄关**户型

case03

看房第一眼OS

"一进门就是餐厅,又直视前阳台,感觉整屋都被看到。"

"鞋子都不知道要摆哪?不小心还会跑进餐厅里。"

Before story

　　三十多年的老住宅,原始屋况的动线十分奇怪,穿堂煞的风水问题更是迎面而来。缺少完善的内玄关设计,导致一堆凌乱的鞋子蔓延到餐厅。而卡在大门口的餐厅也造成室内动线不顺畅,直接影响到公共活动空间的宽敞性。

客厅

餐厅

大门

Before

改造大重点**玄关**
只要一道屏风

改造王·
林良穗·采金房国际
股份有限公司
0800-006866

屏风当前导，餐厅、客厅各就各位

 户型第一步idea

"**在玄关与餐厅中间加个屏风当隔断，挡去穿堂煞。又可以让餐厅及客厅依序拥有各自的空间。**"

After story

　　设计师在玄关与餐厅间，以德国画家亲手绘制的彩绘玻璃屏风作为内外区域的介质，有效地掩去穿堂煞的风水问题，同时透光性也让整体公共空间更加明亮。屏风打造出玄关的独立性和收纳功能，并以浅色木皮及悬吊柜体，减少空间带来的压迫感。

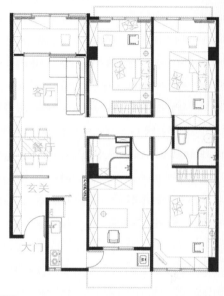

After

· 面积：148.5m² · 室内户型：四室两厅 · 居住成员：夫妻、两小孩

缺少玄关, 生活杂物、隐私都被看到啦! 真没安全感。

拯救**无玄关**户型

case04

⊖ 看房第一眼OS

"一进门就看到落地窗, 而且大门旁就是柱子。"

"连收纳鞋子、雨伞的地方都没有。"

Before story

142㎡的电梯楼新房, 如果照原本建筑开发商既定户型入住, 对于夫妻两人的新生活来说, 就算空间再宽敞也是一种浪费。而且对于中等大小的住宅来说, 用玄关创造空间气度与生活乐趣, 才能让未来生活更美妙。

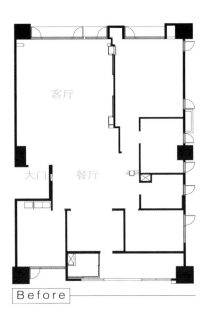

客厅

大门 餐厅

Before

改造大重点**玄关**
就靠∏形玄关

HELP

改造王·
王培鸿
柏阁室内装修工程
02-25287722

∏形玄关，创造柳暗花明又一村

 户型第一步idea

"**利用转折打造的玄关，不仅收纳所有杂物、创造大宅气度，更让家拥有行走乐趣，富有戏剧性。**"

A f t e r s t o r y

由大门进入室内，可以看到整体以黑银狐石打造的玄关，特殊的石纹线条与色彩突显出业主的个性品位。接着进入采光极佳的白色客厅，由黑到白的大反差，以及超乎一般住宅的宽敞户型，让人感受到空间的美感及戏剧性。

After

·面积：142m² ·室内户型：四室两厅 ·居住成员：夫妻

缺少玄关,生活杂物、隐私都被看到啦! 真没安全感。

拯救**无玄关**户型

case05

看房第一眼OS

"一进门没有玄关就进餐厅, 好唐突喔!"

"没有收纳全家鞋子、杂物, 孩子书包、玩具的地方。"

Before story

　　装修前的屋况是个缺乏玄关规划的房子,一进门就是公共空间。但是5个人生活的大家庭,拥有的鞋子、雨伞、袋子、玩具数也数不清! 不是自己买几个小鞋柜装装就能解决收纳的问题,一定要有处收纳功能超强的玄关才行。

Before

改造大重点**玄关**

只需L形玄关

改造王·
翁棋炫
龙鼎国际室内
装修有限公司
02-82511091

L形收纳柜引导，创造华丽收纳术

 户型第一步idea

"利用吊柜式收纳，搭配豪华端景柜，就算是全家五口的鞋子和杂物，也能收纳得美美的。"

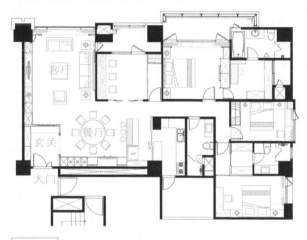

After

· 面积：307m² · 室内户型：四室两厅 · 居住成员：夫妻、三小孩

After story

设计师利用新增的玄关区让业主在进出时有可转换的空间，不仅满足全家的收纳之便，更利用空间语汇寓意圆融的人文意涵，串起"宇宙之最"的设计语汇。一进门的玄关处顶棚便以金箔作为高度延伸的介质，在灯光反射下，黄澄澄的视觉焦点如同头顶着一座金字塔的隐喻，让人有向上延伸的错觉，再搭配以水刀切割的大理石拼花铺地与窑烧千层玻璃的鞋柜门片，构建出大气轩昂的入门印象。

缺少玄关，生活杂物、隐私都被看到啦！真没安全感。

拯救**无玄关**户型

case06

🚫 看房第一眼OS

"入门即见客厅落地窗，将空间一眼望尽。"

"缺乏收纳的玄关，让人容易觉得家里凌乱。"

Before story

虽然是160m²的新房，但如同许多电梯大厦常见的户型：开门即见落地窗、缺乏明确分区的客厅与餐厅空间。这样的空间虽然开阔感十足，可是一旦入住生活后，家具用品一多，就会感觉空间变得凌乱。

客厅

餐厅

大门

Before

改造大重点**玄关**

增加衣帽间

改造王 ·
美丽殿设计团队
美丽殿设计
02-27220803

隐藏衣帽间+端景柜，展现利落的豪宅风貌

👍 户型第一步idea

"善于利用大门旁的小空间，搭配端景墙，打造出豪宅才有的衣帽间。"

After story

原本是开门即见落地窗的空间户型，设计师特别规划出玄关，进行空间的转折。利落的玄关设计，迎面包框的金色图案端景衬底，搭配一座新古典玄关柜与艺术品，创造了入口焦点，而右墙内藏着衣帽间，使入口的意象变得完整。

After

· 面积：160m² · 室内户型：三室两厅
· 居住成员：夫妻、两小孩

缺少玄关，生活杂物、隐私都被看到啦! 真没安全感。

拯救**无玄关**户型

case07

一 看房第一眼OS

"一进门视线就迎向餐厅与厨房，感觉没有缓冲。"

"大门正对厨房后门的风水问题，很伤脑筋。"

Before story

虽然新房的户型公私分明，客厅、餐厅都有专属位置，但一望到底、前门直通后门的风水问题，真是让业主伤透脑筋。加上一家五口的鞋子收纳问题，真是考验设计师的功力。

厨房

客厅

大门

Before

改造大重点**玄关**

只要一道玻璃屏风

改造王·
颜国州·古钺设计
02-29080817

艺术玻璃屏风，圈出玄关范围

 户型第一步idea

"**在玄关与餐厅中间多加一道玻璃屏风，立刻显现出豪宅气势，也让视线不再直视餐厅和厨房。**"

After story

设计师利用一道艺术玻璃屏风，圈出玄关范围，适当地遮挡从视线直视餐厅与厨房的尴尬，巧妙地化解不良风水问题，同时引导光线透射，让玄关也能分享来自客厅的采光。以大理石拼花构成主题的玄关，衣帽间隐形于一旁的金、银箔墙景里，为住宅设计揭开华丽的序幕。

After

· 面积：165m² · 室内户型：四室两厅 · 居住成员：夫妻、三小孩

缺少玄关，生活杂物、隐私都被看到啦！真没安全感。

拯救**无玄关**户型

case08

看房第一眼OS

"虽然有个小玄关，
但空空的不实用。"

"进门直接见到落地窗，
有穿堂煞的问题！"

Before story

15年的中古屋其实屋况并非旧到不堪，但有小玄关使用效率不高、入门直视阳台却光线不佳、收纳空间少、沙发位置受限、阳台杂乱等种种令人不悦的大小状况。

客厅

餐厅

大门

Before

改造大重点**玄关**

只要一道旋转铁件屏风

改造王·
宋豪毅·齐禾设计
02-25786851

旋转屏风，化解穿堂煞又不占空间

 户型第一步idea

"**在玄关与餐厅中间加一道旋转铁件屏风，增加生活风格层次，又节省空间。**"

After

•面积：49.5m² •室内户型：两室两厅 •居住成员：夫妻

After story

由于进入室内先遇见餐厅区，设计师在玄关与室内设计了一扇很特别的半圆回转屏风，喷砂玻璃与铁件的组合犹如乡村风格的格子窗，半透明的视觉感则化解穿堂风水忌讳。而且以百合白与烤漆白色泽的百叶门来设计衣帽柜，并将它升级成为可吊挂衣服的高柜，收纳容量及质感都较普通鞋柜更好。

缺少玄关，生活杂物、隐私都被看到啦！真没安全感。

拯救**无玄关**户型

case09

⊖ 看房第一眼OS

"一开门就进入公共厅区，没有鞋柜及穿鞋区。"

"回到家之后，欠缺心情转折的缓冲空间。"

Before story

房龄不到4年的中古屋，拥有户型方正、采光明亮的先天优势，但回家一开门就直接进入客厅和餐厅，不仅没有地方收纳衣鞋、钥匙，也没有可以坐下换鞋、喘口气的地方。

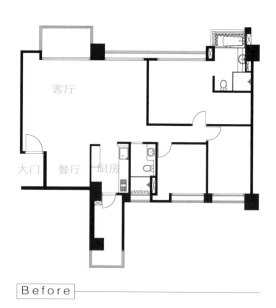

客厅

大门 餐厅 厨房

Before

改造大重点**玄关**
只要加长厨房的收纳墙

改造王·
林志峰
创境室内设计
03-6578131

厨房墙面转个弯，就创造了玄关区

 户型第一步idea

"利用开放式餐厨中的收纳柜，转折并加长，就能顺势分开玄关与餐厅区，更能一柜两用，收纳钥匙、鞋子。"

After story

　　设计师活用厨房的系统家具活动陈架，借以修饰电箱及对讲机，并区隔出开放式餐厨区与玄关，同时创造出一柜两面的收纳展示区。为了区别玄关地面与客厅地面，玄关区改铺浅灰板岩，而客厅则维持原有地砖材质，同时增加可轻松穿鞋的长凳，方便业主及客人休憩。

After

·面积：106m² ·室内户型：四室两厅 ·居住成员：一人

缺少玄关，生活杂物、隐私都被看到啦！真没安全感。

拯救**无玄关**户型

case10

看房第一眼OS

"入门处的只有小鞋柜，太过杂乱，而且直接面对客厅。"

"进门毫无隐私性，完全不适合一家三代的未来新生活需求。"

Before story

居住了三十多年的老房子，在面对即将到来的三代同堂，老旧的空间设计早已不堪使用。除了管线老旧及墙皮剥落等问题急待解决外，户型及收纳也全不合格，仅有是大门口的小鞋柜，对一家五口的鞋子收纳帮不上忙。

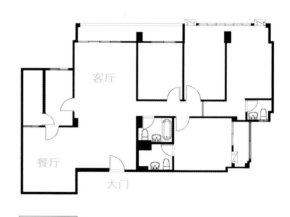

Before

 改造大重点**玄关**
只要两片柚木屏风

改造王·
俞佳宏
尚艺室内设计
02-25677757

柚木屏风解决视觉尴尬，又能第一时间看见家中的状况

 户型第一步idea

"**在玄关处用两片屏风，解决一进门即见客厅的视觉尴尬，并搭配大型鞋柜及延伸的L形穿鞋椅，满足收纳穿鞋所需。**"

After story

从一进门的玄关开始，设计师就设置大型鞋柜满足一家五口的收纳，同时用依柜体设计的L形长椅，再搭配以两扇铁件与柚木格栅组成的屏风，来区隔玄关与客厅之间的关系，半透明式屏风解决了一进门即见客厅的视觉尴尬。

After

· 面积：165m² · 室内户型：三室两厅 · 居住成员：夫妻、长辈、两女

缺少玄关,生活杂物、隐私都被看到啦!真没安全感。

拯救**无玄关**户型

case11

看房第一眼OS

"虽然空间户型还不错,但一进门就看到餐厅的墙面了。"

"空间少了适度的屏障,感觉空间缺乏层次与深度。"

Before story

虽然空间与户型已足够一人居住使用,然而一进门就看到餐厅的墙面,少了适度的屏障,总觉得美中不足。加上业主向往的是色彩丰富的家居环境,若是家中色彩缤纷、家具众多,会不会一进门就有"乱"的感觉?

餐厅

客厅

大门

Before

改造大重点**玄关**

只要夹纱玻璃屏风

HELP

改造王·
丁薇芬
丁薇芬设计工作室
0960-728560

夹纱玻璃屏风，营造入门的喜气印象

 户型第一步idea

"**在玄关区和餐厅区，用红色夹纱玻璃屏风，既营造出空间层次，又能遮掩一眼看到底的尴尬。**"

After story

设计师在玄关区用一道红色夹纱玻璃屏风聚焦了众人目光，隐约有透射感的屏风不仅能遮挡直视餐厅墙面的尴尬，还能创造出空间层次。另一侧转折入客厅区的格屏则运用竹子屏风达到装饰、遮掩和延续设计的目的，营造出实用功能与人文气息兼备的空间质感。

餐厅

玄关

客厅

大门

After

· 面积: 82.5m² · 室内户型: 两室两厅 · 居住成员: 一人

缺少玄关，生活杂物、隐私都被看到啦! 真没安全感。

拯救**无玄关**户型

case12

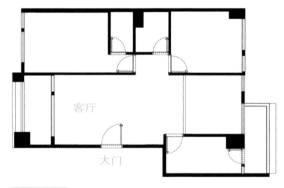

看房第一眼OS

"客厅墙过短, 一打开门就碰到沙发, 真是又拥挤又尴尬!"

"大门开在客厅中央, 根本没地方可以规划鞋柜。"

Before story

　　原本就不是很大的66m²老房子, 加上客厅深度不足, 若在电视墙一侧加装电视柜和鞋柜, 不仅会遮住采光也会使客厅更加拥挤。雪上加霜的是: 大门又开在客厅的正中央, 空间被切割得更凌乱, 真不知道鞋柜到底摆哪好?

客厅

大门

Before

改造大重点**玄关**

只要增建一道新墙

改造王·
柯竹书、杨爱莲
大湖森林室内设计
02-26332700

一道新墙增加了鞋柜、储藏室，同时还是餐厅端景墙

 户型第一步idea

"**在离大门1m处，增设一道新墙做为新的储物空间，同时又可拉开空间层次，成为餐厅的端景墙面。**"

After story

设计师于入门右侧新砌墙面，打造新增的储物空间，不仅帮助面宽不足的客厅增设玄关位置，又可提供作为鞋柜的新空间。另一端靠近厨房处则是公共储物间。同时，新墙面也顺势成了餐桌椅凭靠的端景墙。

After

• 面积：66m² • 室内户型：三室两厅 • 居住成员：夫妻、一子一女

缺少玄关，生活杂物、隐私都被看到啦！真没安全感。

拯救**无玄关**户型

case13

看房第一眼OS

"大门被主卧室房门及公共空间包夹，没有多余空间给玄关。"

"进门就直视客厅的动线，完全没有缓冲。"

Before story

位于办公大楼内的10年中古屋，即便室内超过139m²，但是两户打通的房子，让业主一开大门就直入公共空间及主卧空间，这种尴尬的户型状况，让喜爱新古典风格的夫妇俩，笑称有如封闭式的住宅。

主卧室　　客厅

大门

Before

改造大重点**玄关**

只需L形墙面

L形墙面打造出新古典豪宅气质，不仅作为玄关，更是客厅的电视墙

 户型第一步idea

"运用穿透感茶玻璃与墙面打造出L形墙面，既区隔了空间，也进行动线的规划，并设置衣帽间进行收纳。"

After story

设计师先整合整体的户型，将餐厅往右挪移，并让客厅背对着落地窗，释放出玄关空间。再以L形墙面界定它，搭配穿透感茶玻璃与客厅形成视觉延伸的开阔性，并设置电动门衣帽间，揭开本案奢华的新古典设计。

After

· 面积：139m² · 室内户型：三室两厅 · 居住成员：夫妻

缺少玄关，生活杂物、隐私都被看到啦！真没安全感。

拯救**无玄关**户型

case14

看房第一眼OS

"推开大门就长驱直入地进入公共空间，但门旁边就是厨房。"

"开阔的空间该怎么界定出玄关、客厅和餐厅？"

Before story

　　喜欢与好朋友们举办各式户外活动、派对聚会的业主夫妇，常有一大群朋友来家里玩。因此在规划新居时，希望新家能拥有可睡30个人的空间及开放式厨房等宽敞的设计，让朋友们都能尽情玩乐！

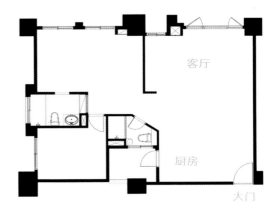

Before

改造大重点**玄关**

只要双面柜

改造王·
罗淳
金炬国际&
金晟创意设计
02-26272059

一道双面柜，不仅是鞋柜，也是厨房的电器收纳柜

 户型第一步idea

"**在玄关与厨房之间，增加一道双面柜，顺利地区隔出空间，同时也增加收纳的空间。**"

After story

　　首先，设计师规划出玄关区，在玄关与厨房之间采取双面柜设计，使其具有收纳鞋柜、电器柜的功能，同时柜子亦是区隔空间的角色。其次，于开放空间中，规划出客厅、开放式中岛厨房及半开放式书房，少了墙面的隔阂，空间多了通透感，亦更显宽敞。

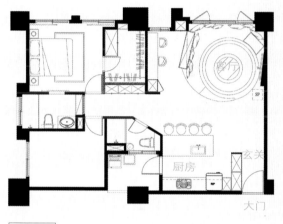

After

· 面积：89m² · 室内户型：两室两厅 · 居住成员：夫妻、一小孩

缺少玄关, 生活杂物、隐私都被看到啦! 真没安全感。

拯救**无玄关**户型

case15

看房第一眼OS

"大门怎么会是这个方向, 左边凹进去的小空地要做什么用?"

"进门动线不是直进客厅, 反而让人转进餐厅, 很不合理啊!"

Before story

　　整栋中古屋大楼的住户基于风水的因素, 更改大门入口的位置, 留下原本的玄关空间内凹, 成为难以应用的畸零空间, 使得买下这座公寓的业主非常头痛。该如何利用旧玄关凹角, 变成可以利用的书房兼客房, 应该怎么做呢?

Before

改造大重点**玄关**

增设一道美式住宅前廊

改造王·
简武栋、柳絮洁
齐舍设计事务所
02-25505887

利用木隔屏增设一道美式前廊，增加书房也创造玄关

 户型第一步idea

"在大门口运用立柱、门楣、清玻璃与百叶折窗，设计出美式风格的玄关空间。"

After story

　　设计师运用立柱、门楣、清玻璃与百叶折窗，在现有大门位置设计出美式住宅的前廊意象，用它作为玄关空间，同时保持其他空间的完整性（书房、客厅、餐厅），而半开放式的书房兼客房拥有足够的使用空间，既可独立也可开放。

After

· 面积：102m² · 室内户型：四室两厅 · 居住成员：夫妻、一子一女

打造让一家人100%舒服的动线

买期房的首要重点在"客变"

"客户变更"简称"客变"。
就是业主在购买建设公司尚未盖好的期房时，
变更或取消未来建筑开发商规划的户型、建材，
通过委任设计师与建筑开发商的沟通，增加或减少费用，
不但省去日后拆除和施工的困扰，也借此购得最符合自己需求的房子。

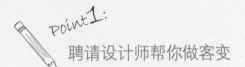

Point 1:
聘请设计师帮你做客变

买期房时，如果要变更原来建筑开发商所提供的户型、建材，中间会有相当繁琐的执行过程，包括有些不能变更的规定，如水电、空调、消防和给水等管线的安排等，而交由专业的设计师事先规划，还可以在最后帮业主检查建筑开发商退费明细是否正确，省去业主与建筑开发商交涉的许多麻烦。

业主在期房阶段找设计师或等新房完工才找设计师，聘请设计师的费用是一样的，但是越早让设计师了解空间的状况，其实可以帮助业主省下自己与建筑开发商沟通的许多麻烦，由专业的设计师为过程把关，更有保障。

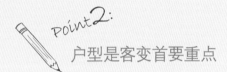

Point 2:
户型是客变首要重点

业主可在建筑开发商接受的范围内，免费更动或取消隔间墙的位置，但是只能替换和建筑开发商相同的使用材料。例如不能将原来的轻隔间替换成砖墙、砖墙替换成玻璃，否则就必须自行负担费用。业主必须了解一旦户型变动之后，原有的电源插座、灯具出线位置、空调管线和冷热水管也必须重新规划，尤其是建筑开发商所预留的穿梁孔、空调位置等，在变更户型时要格外注意，最好能妥善利用，如果变更数量超过建筑开发商提供的，就须付差额。

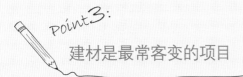

Point 3:
建材是最常客变的项目

一般建筑开发商在卖屋时，都会附送可供三选一或四选一的建材，例如木地板有从深到浅、瓷砖也有不同颜色的选择等，此时业主可以请设计师代为搭配，如果真的不中意，再退回给建筑开发商折价，自行选购喜欢的建材。

虽然不喜欢的建材可以请建筑开发商折价退回，但是有些建筑开发商会采取"只退不增"的方式，例如你想拓宽浴室，但原本建筑开发商的瓷砖不够铺设，此时建筑开发商会希望你将瓷砖直接退回折价，再请你自行负担新瓷砖所需的费用，以节省来回计价的麻烦，业主要特别注意。

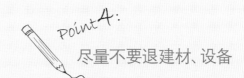

Point 4:
尽量不要退建材、设备

因为建筑开发商在采购设备、建材都是大量采购以压低成本，因此业主若要退换，通常只会退低于市价的价钱，并不划算。因此建议不需要全盘退还给建筑开发商，在有限的选择下，还是可以请设计师搭配出风格整体的居家空间。虽然不喜欢的建材仍可以请建筑开发商退费，但是建筑开发商是"退料不退工"，例如退掉瓷砖，建筑开发商只会退瓷砖材料的费用，当业主重新购买喜欢的瓷砖时，除了材料费，还包含了师傅到家铺设的工钱，这点业主必须先了解。

因为"客户变更"之后，会有许多细目的加减账，此时建筑开发商会列出清楚的退费明细，业主最迟应该在付尾款收房前，就要拿到明细，此时可以委托设计师代为检查确认，看是否有计算错误的地方。

委托设计师客变，省时省力！

	委托设计师客变	业主自行客变
变更设计	设计师除了规划图面，负责任的设计师也会不定期去工地视察施工跟变更是否相符，并了解进度。	自行与建筑开发商接洽，必须经常亲自前往工地监督。
与建筑开发商沟通	建造期间，业主可请设计师代为与建筑开发商沟通任何与房子有关事宜。	业主如果出国，建筑开发商难以联络到业主，容易发生纠纷。
退费明细	设计师帮业主检查变更设计后的退费明细是否正确。	业主自行计算。
交房	设计师陪同验房，并提出专业意见，请建筑开发商改进。	业主无法判断细节上是否有疏失。

只要把自然光引进客厅, 坐在沙发上就会不自觉地微笑好久。

拯救**不良客厅**户型

case16

⊖ 看房第一眼OS

"客厅虽方正, 但窗户离得很远, 光线完全进不来。"

"怎么会用暗沉色系的装修, 让人一点也不开心。"

Before story

为了孩子的上学问题, 花了不少钱在台北市精华地段买下这间有35年房龄、仅76㎡的房子做为人生的"第一个家"。买下才发现采光集中在厨房、卫浴间、卧室等私密空间, 反而一进门的客厅显得阴暗无光, 加上低梁及原本暗色系的装修风格, 使得空间更显压迫。

客厅

厨房

大门

Before

改造大重点**客厅**

只要动一面墙

HELP 改造王·
宋豪毅·齐禾设计
02-27487701

墙面退一步, 光和空气都动了起来

 户型第一步idea

"把固定隔间墙退缩约50cm,
竟然可以就让客厅与厨房、浴室
之间变成光与风的游乐场。"

After story

设计师保留原有厨具, 仅将原本连接电视柜的厨房及卫浴间墙面退缩约50cm宽, 形成一小型动线, 围绕着降低至90cm电视柜体而行走。除了行走方便外, 更让光线以横向方式串流在厨房、卫浴间, 甚至到主卧室, 让空间更显明亮, 并由原本的灰色石材墙改为梧桐木染白设计, 透过白色的量体减轻及放大空间。

After

• 面积: 76m² • 室内户型: 两室两厅 • 居住成员: 夫妻、小孩

只要把自然光引进客厅,坐在沙发上就会不自觉地微笑好久。

拯救**不良客厅**户型

case17

⊖ 看房第一眼OS

"客厅深度超长,一家才三口,不需要这么大的客厅呀!"

"我需要独立的书房,有办法挪出空间来吗?"

Before story

房子为新房,从既有的玄关进入室内,宽敞的客厅及明快的采光在整体上显得舒适、大气,但是,美中不足之处在于公共厅区的比例不佳。业主家庭人口较少,实在不需要如此大空间的客厅,加上男主人有专用书房的需求,如何平衡空间比例,满足业主家庭的真正需求才是规划的重点。

厨房

客厅

大门

Before

改造大重点**客厅**
只要加一道柜与墙

改造王
陈锦树·富亿设计
02-27099338

书柜+电视墙，顺利区隔书房与客厅

 户型第一步idea

"**既是书房的书柜也是客厅的电视墙，一道墙平衡公共厅区比例，也为男主人增辟出专用书房。**"

After story

设计师先在空间颇大的玄关加设一道视线可穿透的屏风，稍微延长餐厅的背墙，让餐厅的空间感加大。并将玄关旁的小空间重新设定为男主人的独立书房，满足其宁静、私密的需求。如此一来，不仅顺势界定玄关、书房与客厅空间，加上白色调的开放式餐厨的大空间视感，使得整体公共厅区的大小比例获得完美调整。

After

· 面积：213m² · 室内户型：两室两厅、书房 · 居住成员：夫妻、一子

只要把自然光引进客厅，坐在沙发上就会不自觉地微笑好久。

拯救**不良客厅**户型

case18

● 看房第一眼OS

"虽然客厅户型很方正、明亮，但餐厅墙面却不规则。"

"三室竟只有一个出口，感觉快迷路了。"

Before story

79㎡的住宅，虽然空间足够夫妻俩使用，但原始户型不佳。虽然有采光明亮的客厅，然而位于深处的餐厅，却因每个空间的不完整变成多边形，造成动线不顺畅、收纳又不充足的状况，加上房间只有一处出入口，不良的户型和动线非常奇怪又不合理。

Before

改造大重点**客厅**

只要移一面墙

改造王·
偕志宇·里欧设计
02-28982708

重新界定客厅背墙，光线就能直达餐厅深处

 户型第一步idea

"**将客厅背墙移后一点**设置半开放式书房，同时拉齐客浴墙面，让光线能自然透射进餐厅。"

After story

在空间有限的情况下，设计师打破区域间的隔阂，将原本的客厅背墙后移，并在原来的位置上利用清玻璃隔间打造半透明性的书房，无隔阂且大面积的开窗，让采光得以进入餐厅。一同被拉齐的客浴墙面也让动线更为流畅，各具功能的卧室和书房，创造出通透且多功能的生活。

厨房

餐厅

大门

客厅

After

· 面积：79m² · 室内户型：两室两厅、书房 · 居住成员：夫妻

只要把自然光引进客厅,坐在沙发上就会不自觉地微笑好久。

拯救**不良客厅**户型

case19

● 看房第一眼OS

"进门后,得转折多次才能进入客厅,很不顺畅。"

"餐厅卡在所有房间的通道中,小小的,挤挤的,感觉不好用。"

Before story

常见的三室两厅、储藏室配置,乍看合理,但户型里却隐藏着不利生活使用的动线问题。玄关的转折形成了小厨房,而卡在三间房间、客用卫浴及厨房出入口的小餐厅,凹凹凸凸的公共厅区,让住户的生活无法顺利开展。

Before

改造大重点**客厅**
只要改变进门方向

改造王·
张成一
将作空间设计
02-25116976

拉齐半穿透墙面，同时平整户型

 户型第一步idea

"改变玄关开口位置，调整餐厨空间，再运用半透明墙面，拉齐所有房间墙面。"

After story

首先改变玄关入口并设置格栅屏风，将原本储藏间并入开放式餐厨空间，使原来卡在动线的小餐厅跟着移位、扩大。再于书房与客厅、餐厅与客用卫浴间建立起隔墙，切开公共厅区与私密区域，利用具有穿透性的清玻璃、雾玻璃及半高墙，将整个屋况拉长伸展开来，创造厅区辽阔、无压迫感的风景。

After

· 面积：94m² · 室内户型：两室两厅、书房 · 居住成员：夫妻

只要把自然光引进客厅，坐在沙发上就会不自觉地微笑好久。

拯救**不良客厅**户型

case20

 看房第一眼OS

"虽然户型很方正，但房间比例大过于客厅。"

"狭小的客厅、餐厅让人待不住，大家都躲在各自房间中。"

Before story

因为喜欢这里的环境及户外视野，因此业主买下这间新房作为一家四口的新家。但119m²空间划分了四室两厅的户型，使得每个空间狭小，狭长的开放式客、餐厅设计，不仅让人一进门感到压迫，也无法成为家人主要聚集的地方，而过多的转角，可能会导致孩子在活动时受伤。

Before

改造大重点**客厅**
只要活动式拉门

改造王·
刘文献
乔新室内设计
03-6585169

以活动式拉门取代固定墙面，创造大聚会空间

 户型第一步idea

"将客厅旁的房间设定为书房，并将墙面改为半开放式造型拉门，无形中加大客厅空间。"

After story

　　设计师将紧邻客厅的房间改为半开放式书房，让客厅视觉得以开展，而且结合客厅及书房两面落地大窗，让空间更为明亮，也解决原本走廊过长而阴暗的问题。半开放式拉门的书房墙面，采用三种不同材料及造型的拉门，为空间带来不同的变化，变成大且明亮的公共空间，满足了业主想要全家人能聚集活动和安全的愿望。

After

· 面积: 119m² · 室内户型: 三室两厅、书房 · 居住成员: 夫妻、一子一女

只要把自然光引进客厅，坐在沙发上就会不自觉地微笑好久。

拯救**不良客厅**户型

case21

● 看房第一眼OS

"虽然客厅拥有好采光，却是不规则的六边形户型。"

"好短的电视墙，难道大家要分排坐才能看电视？"

Before story

面向校园的高层中古屋，视野条件、采光都好，可惜的是斜面入口产生畸零角落难以利用，加上很短的电视主墙、纵深不够的客厅，空间显得拥挤。而且过大的主卧室，不符合业主需求，业主期望能有一间书房兼琴房。

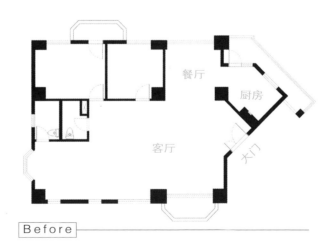

Before

改造大重点**客厅**

只要360° 旋转电视柱

HELP
改造王·
马健凯
界阳&大司室内设计
02-29423024

360° 旋转电视柱，
放大二倍空间宽广感

👍 户型第一步idea

"360° 旋转电视柱让厅区景深更显宽敞，更提供了随性、自由的影音观赏角度。"

After story

设计师打破传统电视墙的概念，利用客、餐厅之间的过道，安排360° 旋转电视柱，加上翻转沙发座向之后，客厅便能获得比原本大两倍的宽广空间感，也能提供业主更随性、自由的影音观赏角度。并将原有主卧室的多余空间改为客厅旁的书房，使用清玻璃与黑烤漆玻璃的隔间，为空间带来放大的视觉效果。

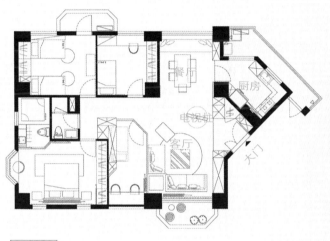

After

· 面积：117m² · 室内户型：三室两厅、书房兼琴房 · 居住成员：夫妻、两子

只要把自然光引进客厅,坐在沙发上就会不自觉地微笑好久。

拯救**不良客厅**户型

case22

看房第一眼OS

"客厅很大,但缺乏我们夫妻需要的工作空间。"

"我们想要能拥有平日两人、假日多人聚会的空间。"

Before story

这是一对年轻夫妇的家,他们平常的兴趣很特别,夫妻俩都是模型爱好者,喜欢在家一起做模型,假日也喜欢找朋友到家里玩,而且两人有意不定期推出不同主题的模型展览,因此希望新家能忠实地呈现他们的生活形态与需求,而非着墨于所谓的风格。

Before

改造大重点**客厅**

只需一排展示柜

改造王·
郑家皓·直方设计
02-23880916

用枫木展示柜区隔空间，打造入口焦点

 户型第一步idea

"拆除客厅旁的房间后，展示柜搭配环绕型的动线规划，创造有如画廊般的意象。"

After story

　　因业主聚会与展示的需求，激发设计师对空间的灵感，取消原有客厅旁的一间卧室，以开放、环绕的动线打造书房兼模型工作室与客厅连接，枫木展示柜成了沙发背墙，让业主能举办模型展览秀，更变成入口的视觉焦点，而且环绕、自由的动线也让聚会、行走都更为方便。

工作室

客厅

大门

餐厅

厨房

After

· 面积：115.5m² · 室内户型：三室两厅、书房兼模型工作室
· 居住成员：夫妻

只要把自然光引进客厅,坐在沙发上就会不自觉地微笑好久。

拯救**不良客厅**户型

case23

⊖ 看房第一眼OS

"当初是因为四室才买,却没想到每间房都好小。"

"靠近厨房的书房更狭小,根本无法使用。"

Before story

虽然新家户型很方正,但对于一家三口而言,四室两厅似乎有点多余。而且喜欢英式古典风格的业主,希望新房能重现维多利亚时期的唯美品位,夫妻俩也期待能在壁炉前度过愉快的阅读时光,因此改动小四室户型,使之变成两个卧室及壁炉书房,这是设计的首要工作。

书房

餐厅　厨房

客厅

大门

Before

改造大重点**客厅**

只要拆除一面隔间

改造王·
丁善春
米乐意象室内装修
工程有限公司
03-2727689

拆除书房隔间，并入公共空间

 户型第一步idea

"将厨房旁的小书房隔间拆除，纳入邻侧卧室1/2的空间，打造半开放式的书房兼起居室。"

After story

　　设计师拆除书房隔间，连同一旁的开放空间打通，设计成起居室兼书房，并将业主希望拥有的壁炉装设于此。由于是打通两间房间的关系，空间的中央有根大梁，设计师利用方正的造型顶棚来收尾，消除梁柱的突兀感。考虑到现代居家与台湾的气候，设计师选用电子式壁炉，搭配雕工精美的欧风石材壁炉框，将壁炉作为书房主墙的焦点。

书房

厨房

客厅

大门

After

· 面积：158m²· 室内户型：两室两厅、书房兼起居室
· 居住成员：夫妻、一子

只要把自然光引进客厅，坐在沙发上就会不自觉地微笑好久。

拯救**不良客厅**户型

case24

看房第一眼OS

"公共空间完全没有隔间，很宽敞，但没有分区也不好用吧！"

"客厅、餐厅、书房和佛桌都能全部放在一起吗？"

Before story

虽然房子天生的条件很好，公共厅区毫无隔间，然而喜欢做木工、对家具有兴趣的业主，希望能有一个构思设计及阅读的书房。加上因为宗教信仰的要求，公共空间也必须规划安置佛桌的地方，公共厅区的户型上势必得安排调整。

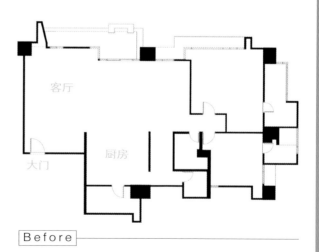

Before

改造大重点**客厅**

只要短墙+储物柜

HELP

改造王·
洪博东·非关设计
02-27846006

短墙与双面储物柜，打造专用书房

 户型第一步idea

"**在餐厅后方，建造短实墙和双面储物柜，并以榫接方式制作出可收折的制图桌，满足男主人对书房的要求。**"

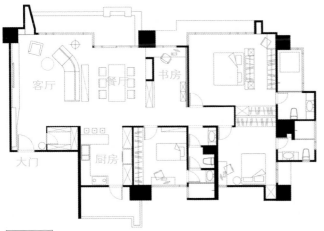

设计师将公共空间依次安排为客厅、餐厅、佛桌与书房。在餐厅与书房中间规划一道短实墙，以便摆放佛桌，旁侧的储物柜选用特殊的蓝色木皮，为不同空间、功能起到界定的作用。餐厅后方的开放书房，靠窗部分为阅读区，并利用橡木实木以榫接方式制作出可收折的制图桌，满足业主对功能的要求。

After

· 面积：214.5m² · 室内户型：三室两厅、书房 · 居住成员：夫妻、一子、一女

只要把自然光引进客厅，坐在沙发上就会不自觉地微笑好久。

拯救**不良客厅**户型

case25

⊖ 看房第一眼OS

"进入门后，左边马上可见的是主卧室，动线相当不合理。"

"客厅被夹在厨房和厕所之间，好像住在暗房里。"

Before story

两室一厅的户型因为进门左侧就是主卧室，在隔间墙面的阻挡之下，走道变得很狭窄、阴暗。夹在卫浴间和厨房中的客厅没有光线，无法拥有舒适的观赏距离。偏偏"一"字形厨房旁的空间也不足以摆放餐桌椅，导致空间的浪费，另一间卧室也因为空间受限而无法获得完善功能。

Before

改造大重点**客厅**

只要斜切厨房入口

重新界定客厅位置，取消隔间墙改为玻璃拉门。

户型第一步idea

"将客厅移至原来的主卧室位置，取消隔间墙改为玻璃拉门，以达到空间放大、明亮的效果。"

After story

设计师将户型重新乾坤大挪移，将入口左侧主卧室改为客厅，并取消隔间墙，而位于阳台旁的另一间卧室则改为和室，利用玻璃材质拉门，为客厅引进自然采光，同时也因为视角的延伸与穿透，使空间获得放大的效果。原来的厨房则变成主卧室。而移往原客厅处的厨房，特别以斜切手法打造，避开直角动线所产生的压迫性，带出开阔的视野。

After

· 面积：39.6m² · 室内户型：一室一厅、和室 · 居住成员：一人

只要把自然光引进客厅，坐在沙发上就会不自觉地微笑好久。

拯救**不良客厅**户型

case26

看房第一眼OS

"客厅后面就是主卧室，厨房躲在角落，又小又挤。"

"公共空间太小，来两个朋友就会坐不下了。"

B e f o r e   s t o r y

常见旧公寓的户型：推开大门会先经过阳台，三室两厅的室内空间，厨房被边缘化独立在一角，三间卧室加上公共卫浴间的出入动线全都挤在一起。考虑到业主夫妇好客的个性，新居必须同时满足不同生活阶段的功能、空间感。

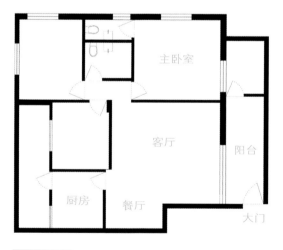

主卧室

客厅

阳台

厨房　餐厅

大门

B e f o r e

080

改造大重点**客厅**

只要增加架高和室

改造王·
无有建筑设计团队
无有建筑设计
02-27566156

架高和室并搭配推门设计，变身多功能场域

👍 户型第一步idea

"**撤除主卧室改为架高和室与客厅联合，灵活的推门设计，让厅区变得极为宽敞、明亮。**"

After story

　　设计师撤除主卧室改为架高和室，与厅区连结，透过拉门的开合，以及定制沙发的自由组合之下，和室既能开派对，隐藏在柜子的掀床也能变成儿童房，甚至角落也多了舒适的卧榻用于休憩，让公共厅区整体变得极为宽敞，容纳20人也没问题。

和室

主卧室　　客厅

餐厅

阳台

卧室　　厨房

大门

After

· 面积：99m² · 室内户型：两室两厅、和室 · 居住成员：夫妻

只要把自然光引进客厅，坐在沙发上就会不自觉地微笑好久。

拯救**不良客厅**户型

case27

⊖ 看房第一眼OS

"客厅的景观被紧邻的卧室隔间一分为二，好可惜！"

"卧室改成书房之后，要如何和客厅整合在一起？"

Before story

原始三室两厅的户型正好符合业主需求，书房、长辈房、主卧室，屋子三面采光条件也很好。可惜的是：虽然客厅的弧形窗很漂亮，却被书房的隔间墙一分为二，浪费窗景和自然采光，也使客厅变得窄小。

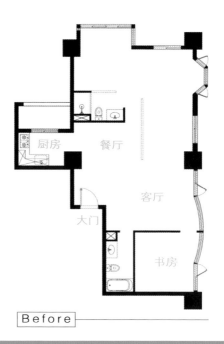

厨房
餐厅
客厅
大门
书房

Before

改造大重点**客厅**
只需移除一道墙面

改造王·
宋明翰
邑法室内设计·
装置艺术
02-29353908
02-85098962

开放式书房与客厅相连，
功能重叠又宽敞

 户型第一步idea

"**舍弃客厅旁的房间，改为开放书房与客厅串连，释放出完整的圆弧窗面，也为室内引进舒适的日光、绿意。**"

After story

为了突显客厅弧形窗景的完整绿荫与光线，设计师将紧邻客厅的房间墙面拆除，窗景成为沙发背景墙，电视墙则以旋转柱呈现，并运用功能重叠概念，让书房以开放型式与客厅相连，兼顾业主提出的实用需求，创造出宽阔明亮的空间感。

大门

厨房

餐厅

客厅

书房

After
• 面积：89m² • 室内户型：两室两厅、书房 • 居住成员：夫妻

只要把自然光引进客厅，坐在沙发上就会不自觉地微笑好久。

拯救**不良客厅**户型

case28

🚫 看房第一眼OS

"客人用的浴室门口正对着沙发啊！感觉好尴尬。"

"餐厅和厨房要怎么结合，动线才顺畅呢？"

Before story

房子采光很不错，原先建筑开发商亦将空间规划从玄关进入客厅，其立意虽然不错，可惜玄关旁就是客用卫浴间，而它的门正巧就对着客厅沙发，不完整的客厅户型，让人观感不舒服、影响待客，业主辛苦地经历了两次改变过程，仍无法改变这样的困境。

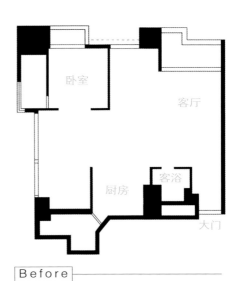

卧室
客厅
厨房
客浴
大门

Before

改造大重点**客厅**
只要门转向

HELP 改造王·
许宏彰·德力设计
02-23626200

客浴门转向，换个角度困境变佳境

户型第一步idea

"**改变客浴门的方向，运用透光性佳的材料，既包覆厕所，也解决了原本采光不佳的问题。**"

After story

客浴门口正对客厅怎么办？转个身就是问题的答案。在设计师大胆改变客浴门道方向的突破下，空间顿时豁然开朗，改变方位借光、运用透光性佳的材料，既包覆卫浴间，也解决了采光不佳的问题。设计师更利用既有的墙面规划出鞋柜与收纳柜，营造出一整面的视觉主墙，让人们忘记里面其实是客用卫浴。

After

·面积：112m² ·室内户型：三室两厅 ·居住成员：夫妻

只要把自然光引进客厅，坐在沙发上就会不自觉地微笑好久。

拯救**不良客厅**户型

case29

⊖ 看房第一眼OS

"进门后是一道又一道的墙，中央的餐厅几乎没有光。"

"客厅有窗户却很小，真是浪费大好光线和绿意了。"

■ Before story

三面采光又有前后绿树环绕的中古屋，却因为层层墙面的阻挡，浪费了这大好条件。进门后，不是很宽敞的客厅和紧邻的主卧室，让绿意和采光顿时减半，更不用说主卧室前还有个遮光的阳台。加上躲在餐厅后面的小厨房及卧室，好采光、空间感就这么让一道道墙遮挡住，十分可惜。

Before

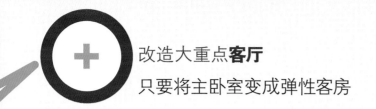

改造大重点**客厅**
只要将主卧室变成弹性客房

HELP
改造王·
利培安 利培正
力口建筑
02-27059983

折门、拉门让空间变得弹性，拉近彼此距离

 户型第一步idea

"**取消主卧室，运用瓦楞板折门、拉门规划弹性客房，打开时与客厅连结，拉近与户外光景的距离。**"

After story

设计师重新思考家庭单元的公共与私密区的弹性容量，平日虽仅有夫妻俩，但日后会有小朋友加入，而每周会经常举办聚会活动，因此空间必须要能随着生活不同时段发生的事件，可以被弹性运用的。针对客厅，设计师拆除主卧室改为以拉门、折门构成的客卧室，打开时与客厅串连延展，聚会时成了孩子们开心跑跳玩耍的地方。

客房

餐厅

客厅

厨房

大门

After

·面积：92m²·室内户型：三室两厅·居住成员：夫妻

只要把自然光引进客厅,坐在沙发上就会不自觉地微笑好久。

拯救**不良客厅**户型

case30

⊖ 看房第一眼OS

"四室两厅把家隔得太小,主卧室也不能兼书房使用。"

"每周的家庭聚会,人一多客厅就太挤,根本容纳不下。"

Before story

115.5m²的高层住宅,原本建筑开发商配置的是四室两厅,虽已足够一家三口使用。但由于业主是虔诚的基督徒,每个礼拜五是教友们小组聚会的时间,家里的公共空间必须要能容纳10余人,该如何规划出足够大家聚会的空间,真是个伤脑筋的问题。

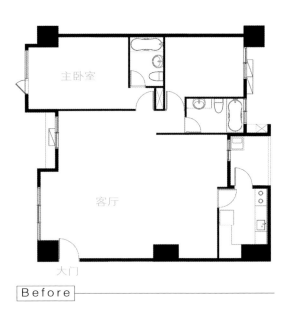

主卧室

客厅

大门

Before

改造大重点**客厅**
只要斜面书墙

改造王·
任萃
十分之一设计
02-87328383

斜面书墙定位书房，延展空间视觉

户型第一步idea

"一柜两用的斜面书墙，不仅可区隔书房与主卧室，更延展出空间的深邃感。"

After story

设计师将原本的四室改为两室，公共空间以开放隐性区隔规划，沙发后方设置斜面书墙，带出书房功能，并把客餐厅、开放厨房、图书区作为一个大区域开放使用。斜面书墙对应至主卧室则转变为衣柜，相较于直线一眼即全部看清，斜面线条反而犹如透视3D图，具有延展的效果，让空间看起来更加深邃、宽广。

After

· 面积：115.5m² · 室内户型：两室两厅、书房 · 居住成员：夫妻、一女

只要把自然光引进客厅,坐在沙发上就会不自觉地微笑好久。

拯救**不良客厅**户型

case31

🚫 看房第一眼OS

"家里有四室刚刚好,但太多的墙面感觉不出有191m²。"

"狭长走道感觉很封闭,若是在家待久了,会沉闷又阴暗。"

Before story

职业是插画家的女主人,对于画面美感的要求不在话下。由于书房是重点工作空间,因此希望在保留实用功能之余,还能维持和家人间的互动。然而原有四室一厅的户型,对于要求开放感的业主而言,空间内因隔墙太多而感觉封闭,功能配置和采光也相对显得不足。

Before

改造大重点**客厅**
只要玻璃书房

改造王·
陈怡君·应非设计
02-27005157

利用清玻璃书房，分享光源促进互动

 户型第一步idea

"**客厅不使用电视墙，反而以全开放式玻璃书房，分享自然光线，并带来家人良好的互动。**"

After story

　　设计师舍弃较少使用的客厅电视墙，利用清玻璃打造书房的隔间，如此一来不仅能分享窗外的自然光晕，使客厅、书房、餐厅与厨房都能相互串连并响应互动，而且只要放下卷帘，依然能让书房拥有隐私。并且，因为是玻璃书房，走道区也一片光明。

After

· 面积：191m² · 室内户型：三室两厅、书房
· 居住成员：夫妻、一子

091

只要把自然光引进客厅, 坐在沙发上就会不自觉地微笑好久。

拯救**不良客厅**户型

case32

⊖ 看房第一眼OS

"虽然房间多是一种优点,但其中的两室实在太小了。"

"走道这么阴暗, 对于孩子的成长实在不怎么好呀!"

B e f o r e s t o r y

这是台湾公寓大厦经常出现的状况,五室一厅的原始户型,公共厅区只有一处客厅兼餐厅,然而五间房间依序排列于走道两侧,部分房间甚至小到只能当储藏室,走道光线也非常阴暗,而且并没有任何实质上的用途,让疼爱女儿的业主夫妇对这个户型感到头痛。

B e f o r e

改造大重点客厅
只要椭圆形胶囊隔间

改造王·
吕玉玫、阮静玲
邑舍室内设计工程
有限公司
02-29257919

椭圆形胶囊隔间，
变出书房、舞蹈室兼客房

户型第一步idea

"拆除三间卧室，运用"回"字形动线重新安排书房、舞蹈室，换来可汲取前后采光的360°环绕，让孩子可在此奔跑的房子。"

After story

设计师将走道前半段的三室隔间拆除，运用360°环绕动线设计，重新配置书房、舞蹈室兼客房，既有阴暗的走道就此消失，整个房子的空气对流变好，空间也因而更有延伸放大的效果，同时这360°动线也成为小女孩跑跳玩乐的大操场。

After

- 面积：132m² · 室内户型：两室两厅、书房、舞蹈室兼客房
- 居住成员：夫妻、一女

只要把自然光引进客厅，坐在沙发上就会不自觉地微笑好久。

拯救**不良客厅**户型

case33

看房第一眼OS

"窗外树景很美,但客厅前阳台堆满杂物和晾晒衣服,太煞风景了。"

"需要很多收纳柜,但感觉客厅已经没有地方摆。"

Before story

二十多年的老房子不仅有漏水、墙皮剥落及管线老化等问题，加上前阳台转作工作阳台后，不仅浪费街头绿意盎然的景致，也使得室内采光受阻、通风不佳。更因业主夫妇的工作所需，以大量木作橱柜收藏众多教具、书籍，让空间产生窒碍感。

Before

改造大重点**客厅**

只要改为垫高和室

改造王·
宋宛璞·璞意设计
0918-902281

杂乱晒衣场，变身和风茶叙天地

 户型第一步idea

"**将客厅阳台改为垫高木地板的和室区，带来采光及绿荫，朋友来时也可作为简易睡卧区，并增加收纳空间。**"

After story

　　为了突显绿树成荫的街景特色，设计师建议业主将长久习惯用来晒衣的客厅前阳台收回，恢复其采光及观景的用途，并以大开窗配合日式垫高地板的做法来与客厅相合。延展开放的厅区、明亮舒适的氛围，让全家人都爱待在这儿聊天，而和室不只是个休憩的好空间，还能收纳业主的大量物品。

After

· 面积：127m² · 室内户型：三室两厅、和室
· 居住成员：夫妻、一子一女

只要把自然光引进客厅,坐在沙发上就会不自觉地微笑好久。

拯救**不良客厅**户型

case34

看房第一眼OS

"公私分明的户型很好,但客厅和卧室的间隔墙也太长了!"

"太长的墙面等于无法划分客厅、餐厅的位置。"

■Before story

102m²的新居,居住者仅仅为夫妻俩,平常喜欢喝点小酒、邀约三五好友开派对同乐。但是经过改变的家,虽然户型看起来公私分明,但两大区块却被一整面隔间墙给区隔开来,毫无连接,更造成行走动线不顺畅,生活有明显的隔阂感。

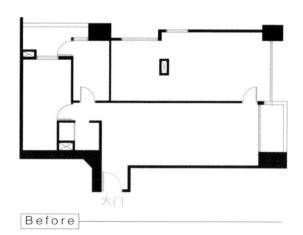

大门

Before

改造大重点**客厅**

只要拉门+折门

改造王·
沈志忠
建构线设计
02-26315955

短墙与双面储物柜，打造专用书房

 户型第一步idea

"将隔间墙以拉门、折门来区隔，创造出多变又自由穿梭的空间游戏。"

After

· 面积：102m² · 室内户型：两室两厅、书房 · 居住成员：夫妻

设计师以"转折的边界"为概念，虽然整体室内空间已分为两长条形区块，仍利用"墙=门的翻转和旋转艺术"将主卧室大面隔间墙打断，大量使用拉门和折门来改变有限的空间，用于客厅和主卧室、餐厅和书房、甚至是主卧室和书房，让空间成为一个自由又穿透的舞台。

只要把自然光引进客厅,坐在沙发上就会不自觉地微笑好久。

拯救**不良客厅**户型

case35

看房第一眼OS

"一进门就看到餐厅,容易让人看到杂物而显得乱。"

"窗外的河岸景观都被分割,客厅只有一点点风景,好可惜!"

Before story

虽然是新房,而且正面对河滨公园美景,但可惜的是:原来三室的户型,相邻客厅的卧室让空间产生视觉上的棱角,空间景深不够开阔。加上一进大门就是公共厅区,缺少缓冲介质,让动线显得有些尴尬,可见日后会更为凌乱。

Before

改造大重点**客厅**
只要弧形玻璃书房

改造王·
李智翔
水相室内设计
02-27005007

弧形玻璃书房，划设空间有形界线

 户型第一步idea

"**以一道弧形墙面，切出公共空间与私人空间的界线，并借由半开放式的弧形玻璃书房，将窗外河景一揽入室。**"

After story

设计师将客厅旁的卧室改为半开放玻璃书房，延伸放大后的景深效果，让人在客厅即可享有窗外河景，而弧形玻璃内加设窗帘，可作为临时客房使用。而且弧形墙面更一并整理出公共空间与私人空间的有形界线，让客、餐厅享有完整开阔的空间感，干净的墙体内分别隐藏着通往主卧室、厨房入口及电器柜门。

厨房　主卧室
餐厅　书房
客厅
大门

After

・面积：99m² ・室内户型：两室两厅、书房 ・居住成员：一人

进行老屋基础工程至少8.2万元!

厨卫+地面+油漆+电
简单公式教你快速估出翻修价格

你想翻新居室，预算到底要准备多少?
为什么有人说1m²需要6000元，又有人说需要12000元?
到底居室更新要如何计算，我们以三室两厅100m²左右的居室为例，
教你简单估出所需要的预算。

地面的计价方式 · 以100m²居室为例，基本造价13600元起。

·计算方式
总室内面积100m²−厨房−两间浴室＝大约剩下80m²
海岛型地板170元/m² ×80m²=总计13600元

⑤ 试算一下，你需要多少钱翻修地面!

地板材

(元 × m²)= 总价

·基本条件
1.超耐磨地板14400元起，180元/m² 起
2.抛光石英砖22400元起，280元/m²起(含泥水施作)
3.海岛型地板13600元起，170元/m² 起。(不含架高工程)

厨房的计价方式 · 以7~10m²的厨房为例，基本造价29000元起。

·计算方式
瓷砖300元×20m²+橱具15000元＋顶棚400元×20m²=总计29000元

·基本条件
1.不移动管线
2.壁砖＋地砖＋泥水，300~400元/m²，墙面加地面至少20~30m²。
3.橱具216cm，至少15000元，有烘碗机、抽油烟机、燃气灶、美耐板台面、厨房龙头。
4.顶棚木作工程：400元/m²。

⑤ 试算一下，你需要多少钱翻修厨房!

瓷砖　　　　　　　橱具　　　　　　顶棚

(元 × m²)+(元)+(元 × m²) = 总价

浴室的计价方式 · 以5~7m²的浴室为例，基本造价每间13600元起。

· 计算方式

瓷砖300元/m²×16m²＋防水300元/m²×16m²＋顶棚320元/m²×5m²＋设备2080元＝总计13600元

· 基本条件

1.不移动管线

2.设备：浴缸或淋浴拉门选一、马桶、两只基本龙头、台盆。

3.瓷砖：国产瓷砖300元~400元/m²，墙面加地面至少15~16m²。

4.防水：高度至少100cm，320元/m²，墙面加地面至少15~16m²。

5.木作工程：塑料顶棚5m²，320元/m²。

$ 试算一下，你需要多少钱翻修浴室！

瓷砖		防水		顶棚		设备	
(元 × m²)	＋	(元 × m²)	＋	(元 × m²)	＋	(元)	＝ 总价

油漆的计价方式 · 以100m²居室为例，基本造价5800元起。

· 计算方式

假设总室内面积100m²－厨房－两间浴室＝大约剩下80m²

墙面的油漆总面积约为地面的三倍

水泥漆24.2元/m²×240m²＝总计约5800元

$ 试算一下，你需要多少钱油漆！

水泥漆

(元 × m²) ＝ 总价

· 基本条件

1. 一般水泥漆

2. 24.2元/m²，墙面为240m²(地面80m²×3)，俗称过漆，指不含需要批土的工程。

3. 批土修饰工程，47~60元/m²

电线开关的计价方式 · 以100m²居室为例，基本造价7800元起。

· 计算方式

重新拉线6800元＋开关插座50元/组×20组

＝总共7800元

$ 试算一下，你需要多少钱换电线开关！

重新布线费		开关	
(元)	＋	(元 × 组)	＝ 总价

· 基本条件

1.开关与插座每组50元

2.不含移动线路

所以你一开始要先准备多少钱呢？

以三室两厅双卫的基础工程为例

两间浴室27200＋厨房29000＋地面12200＋油漆5800＋水电7800＝82000元＝ **8.2** 万元

注：以上价格以台湾当地为准，仅供参考

厨房的收纳足够,杂物不蔓延到餐桌,餐厅和客厅就清爽了!

拯救**不良餐厅、厨房**

case36

看房第一眼OS

"'一'字形厨房被夹在两个房间中央,既封闭又狭小。"

"餐厅不在空间中心,反而被藏在角落里,不好使用。"

Before story

屋龄20年的中古屋,空间配置原本为三室两厅,每个空间看似方正,但对于希望以公共厅区为主要生活重心,且只有夫妻俩的单纯生活形态来看却隐藏问题。入口左侧的大柱子隔出两个空间,最内侧本来规划为餐厅,厨房又独立于另一角落,客厅、餐厅和厨房形成各据一角的情况,无法取得舒适、宽敞的互动效率。

客厅

厨房

大门

餐厅

Before

改造大重点**餐厨**

只要把厨房移出来

改造王·
李植炜、廖心怡
里心设计
02-23411722

开放厨房结合餐厅，隔间变身家电柜

 户型第一步idea

"**干脆把狭长厨房解放出来，并到餐厅变成开放式，不但变得明亮、宽敞，连家电设备都有自己的位置。**"

After story

厨房以开放手法挪移至原餐厅处，餐厨动线更为紧密，与客厅的视觉延伸感、互动性也变得更好，光线理所当然地更为明亮许多。值得一提的是，相较传统户型都是厨房连接后阳台的动线模式，设计师将原厨房空间释放出来后，反倒能扩大客浴的空间感，加上后阳台选用三合一通风门，对于室内采光的提升也有帮助。

客厅

餐厅

厨房

大门

After

· 面积：92m² · 室内户型：两室两厅 · 居住成员：夫妻

厨房的收纳足够，杂物不蔓延到餐桌，餐厅和客厅就清爽了！

拯救**不良餐厅、厨房**

case37

看房第一眼OS

"厨房位置距离客餐厅也太远了。"

"厨房后方连接狭窄的后阳台，易使空间更杂乱。"

Before story

　　屋龄约30年的老式公寓，仅保留建筑外墙，其余全部重新修建。既有空间本身除了通风采光不良的问题之外，更有半卫浴间无对外窗的状况，以及厨房距离客餐厅过远、公私领域界限暧昧不明、玄关和客厅比例不当等缺点，除了注重基础工程之外，以上也是设计需要改进的前提所在。

餐厅

客厅

厨房

大门

Before

改造大重点**餐厨**

餐厨动线结合

改造王·
陈建泰、郑珊怡
邑天设计
02−26570838

连贯餐厨区域，打造丰富功能

 户型第一步idea

> **"改造后厨房，除了重新配置位置与客餐厅串连外，也依业主所需定制"L"形的厨具设计。"**

客、餐厅打开原有户型界限，鉴于空间层高不高，上方原始横梁未刻意修饰，反而利用其做造型设计，搭配间接光源，营造舒适进餐氛围。餐、厨区域，借由铁件、玻璃为主的推拉门做区隔，确保料理时油烟完全隔绝，同时两区域间保持光线、视觉的通透，开合之间，开阔与独立，各有趣味。

After

· 面积：122m² · 室内户型：三室两厅 · 居住成员：夫妻、两小孩

厨房的收纳足够，杂物不蔓延到餐桌，餐厅和客厅就清爽了！

拯救**不良餐厅、厨房**

case38

看房第一眼OS

"卧室与浴室的门，让餐厅墙壁被分割的好凌乱。"

"厨房与餐厅狭窄的像走道，用餐很不舒服。"

Before story

　　开放式餐、厨区墙面棱角较多，使空间容易显得狭小，加上又是卧室及客浴的必经之处，动线开口影响墙面的协调感。虽然有专属对外采光窗，但是户型上却显得狭长，加上柱体与外墙干扰而使餐、厨区产生棱角。

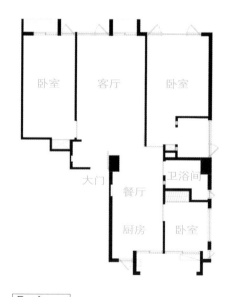

Before

改造大重点**餐厨**
整合动线开口

改造王·
俞佳宏
尚艺室内设计
02-25677757

镜面材质，隐藏动线开口

 户型第一步idea

"借着大面积灰镜的反射，使餐厅狭长感瞬间不见，呈现出原来两倍大的错觉。"

After story

　　设计师利用突出的柱子为准，拉平空间线条规划出餐厅的展示柜，并在柜内以特殊锈铁板做衬底，突显锈铁的纹理与质感。而其中餐厅看似完整的灰镜墙，其实暗藏了卫浴间与卧室的出入门，此设计除了可维持墙面完整度，也使餐厅镜射的效果更完美。

After

· 面积：96m² · 室内户型：三室两厅 · 居住成员：夫妻、长辈

厨房的收纳足够，杂物不蔓延到餐桌，餐厅和客厅就清爽了！

拯救**不良餐厅、厨房**

case39

看房第一眼OS

"厨房占据了屋内最佳采光位置，使得屋内采光不足。"

"没有规划餐厅的位置，空间感觉都浪费给走道了。"

Before story

业主为了结婚准备新房，选定这间15年屋龄的中古屋进行改装。业主提出的想法有：不喜欢厨房的位置占据屋内最佳采光空间，而且没有餐厅，并对一进门洗手台在卧室走道外，从卫浴进卧室的感觉很差；且猫咪休憩动线要跟人分开，但又要保有后阳台可以让爱猫晒太阳等，于是设计师提出10多种空间变化的可行性，与业主进行沟通。

Before

改造大重点**餐厨**

移出厨房与餐厅结合

HELP

改造王·
宇肯空间设计团队
宇肯空间设计
02-27061589

融合厅区功能，衍生舒适生活

 户型第一步idea

> **"将厨房移开，并与公共厅区结合成整体区域，将原有厨房改为拥有半开放式格栅隔间的书房。"**

After story

将厨房移至客厅角落处，规划成开放式，并采大中岛式设计与餐桌串连，满足业主的需求。餐厅端景的大面落地明镜墙内是辅助主卧室的收纳衣柜及大型储藏空间，而镜面设计有放大及延展空间的视觉效果。而沿着餐厅窗台下方则设计矮柜，作为强大的餐具收纳家具。

After

· 面积：86m² · 室内户型：两室两厅
· 居住成员：夫妻

厨房的收纳足够, 杂物不蔓延到餐桌, 餐厅和客厅就清爽了!

拯救**不良餐厅、厨房**

case40

看房第一眼OS

"传统公寓必须通过阳台, 导致室内总是暗暗的。"

"餐厅动线不良, 觉得好封闭, 让我跟家人之间互动变少。"

Before story

传统老公寓最大的问题来自户型, 首先封闭式厨房, 厨具台面很短难以使用, 也没有充裕的橱柜。餐厅被压缩在内侧角落, 光线较差。封闭式的户型规划, 也阻碍人与人之间的互动性, 加上采光、通风, 十分不顺畅, 使得餐、厨动线不佳, 光线不易进入。

客厅

大门

餐厅

厨房

Before

改造大重点**餐厨**

加入餐厨明亮色彩

改造王·
郑家皓·直方设计
02-23570298

亮丽开放厨房，促成轻快生活乐章

 户型第一步idea

"将传统封闭风格的厨房予以开放，视线全然不受阻挡，呈现宽阔舒适的空间感受。"

After story

重新开放户型后，餐厅位于起居空间的轴心，彼此的互动更好，大餐桌也可作为妈妈临时工作桌、孩子写功课的一角。将餐厅稍微往客厅方向挪移，厨房隔间敞开，得以规划出两倍大的"一"字形橱具，同时一并安排电器、冰箱等需要的完整收纳的功能，在木头、金属材质的搭配下，辅以浓郁色彩的转换，悠闲又充满活力。

After

· 面积：109m² · 室内户型：三室两厅 · 居住成员：夫妻、一子

厨房的收纳足够，杂物不蔓延到餐桌，餐厅和客厅就清爽了!

拯救**不良餐厅、厨房**

case41

看房第一眼OS

"T形走道使得空间变得零碎，光线也不易穿透。"

"餐厅与厨房的开阔感不足，住起来不舒服。"

Before story

屋龄17年的中古屋，虽然前任业主原本就将双拼的两间房子打通规划，但是空间大部分被规划作为房间使用，使空间无法展现特色与宽敞，同时因为餐、厨区卡在两户之中，使得区域的动线过小，采光与开阔感均稍显不足。

Before

改造大重点**餐厨**
客厅、餐厅的开放式设计

改造王·
倪可凡
凡可依空间设计
02-27478630

开放式户型营造亲昵互动生活空间

户型第一步idea

"将客、餐厅与书房等空间规划为同一场域，让全家人都可以在这分享彼此的生活。"

After story

设计师将客、餐厨及书房作全开放设计，除了有其户型考虑外，同时也兼顾了可随时看顾孩子的需求。在面对餐厨空间旁，更有大黑板画布及悬挂吊椅设计，让在家工作的业主能与子女有更多的互动，生活更甜蜜。

After
· 面积：129m² · 室内户型：两室两厅、书房 · 居住成员：夫妻、一子一女

113

厨房的收纳足够，杂物不蔓延到餐桌，餐厅和客厅就清爽了!

拯救**不良餐厅、厨房**

case42

🚫 看房第一眼OS

"此户房子的隔间隔得歪歪扭扭的，很不顺畅。"

"希望将演奏区、餐厅、厨房串连，给生活带来开阔的感受。"

Before story

当购买这户位于台中市七期的213㎡豪宅来犒赏自己与家人之时，业主便想要把大理石与水晶这两个元素融入空间里。由于厨房及餐厅的空间比例分配不良，使整体空间出现过多浪费、不方正，使用不易，畸零空间过多，需要重新整合，并消除空间的浪费与畸零空间。

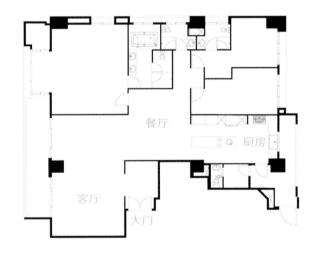

Before

改造大重点**餐厨**
重新分配户型

改造王 ·
苏育贤
圆象室内设计事务所
04-24752377

消除空间浪费，放大空间层次感受

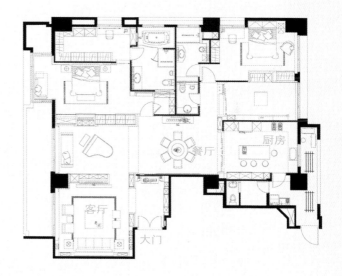

户型第一步idea

"**整合餐厅、厨房区域，透过开放式的规划，延伸大气的空间感受。**"

After story

设计师首先进行大尺度的空间连贯，利用客厅、演奏区、餐厅等显著区域设计为空间带来精致而开阔的人文气息，带来丰富的层次及活泼的视觉感受。并将厨房内缩改为有拉门的半开放式设计，拉齐餐厅空间，使空间界定完整。

厨房

餐厅

客厅

大门

After

· 面积：213m² · 室内户型：两室两厅、和室、琴房 · 居住成员：夫妻、一小孩

厨房的收纳足够，杂物不蔓延到餐桌，餐厅和客厅就清爽了！

拯救**不良餐厅、厨房**

case43

看房第一眼OS

"厨房与客厅相对且毫无区隔，客人来访时超级尴尬！"

"还有厨房又窄又小，离餐厅也太远。"

Before story

由于业主很喜欢古典风格，因此，当买下房子后，在毛坯房阶段便邀请设计师先进场协助规划，首先一进门，随即遇到的问题是："一"字形厨房位于玄关左侧，空间狭小而局促，不仅与客厅毫无区隔的直接相对，以至于造成尴尬动线，且距离餐厅过远。

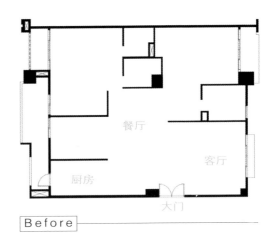

餐厅

客厅

厨房

大门

Before

改造大重点**餐厨**

设置L形吧台

改造王·
叶明原、陈世城
义德空间设计
04-22991188

吧台遮蔽尴尬视线，满足收纳功能

 户型第一步idea

"L形吧台免去了直视厨房及视觉动线的尴尬，白色雕花橱柜内含强大电器及收纳需求。"

After story

为避免进出厨房即面对客厅的动线尴尬，因此规划了L形置物吧台，墙面则设计柜体满足餐厅所需的零碎的餐具及电器收纳。而餐厅在璀璨水晶吊灯的光芒下，让家装饰物成为古典宫廷的主角，如餐椅、圆桌，等等，将古典华丽的意象推演到极致。

After

· 面积：280.5m² · 室内户型：三室两厅、书房 · 居住成员：夫妻、两女

厨房的收纳足够，杂物不蔓延到餐桌，餐厅和客厅就清爽了！

拯救**不良餐厅、厨房**

case44

⊖ 看房第一眼OS

"开放式厨房很大，却没有规划收藏红酒的酒架。"

"餐厅最好也能作为我和朋友的品酒区。"

Before story

在89m²房子实在是不大的空间里，本身为红酒迷的男主人不仅酒藏不少，以往回台湾时也爱与朋友在酒吧叙旧，因此特别希望能在家中设品酒室，由于空间有限，即便原本客厅、餐厅、厨房已采用开放式设计，也无法规划品酒方面的功能。

11/29/2010

餐厅

厨房

客厅

大门

Before

改造大重点**餐厨**

只要加长隔间

改造王·
美丽殿设计团队
美丽殿设计
02-27220803

令餐厨空间产生奢华意象

 户型第一步idea

"加长餐厨隔间,打造出品酒包厢的感觉,搭配定制的LED酒架,呈现出时尚氛围。"

After story

在厨房与餐厅间加长隔间,厨房面可增加壁面摆冰箱,而餐厅处因墙面遮挡更有隐私感,还可量身定制铁件红酒架,打造出餐厅即是品酒区的功能。为了满足男主人希望的包厢感,特别以半面镜墙及铁件定制的雾黑色LED酒架,营造出半遮掩的微醺空间。

大门

After

· 面积:89m² · 室内户型:两室两厅 · 居住成员:夫妻

厨房的收纳足够，杂物不蔓延到餐桌，餐厅和客厅就清爽了！

拯救**不良餐厅、厨房**

case45

➖ 看房第一眼OS

"厨房位居边角且过于狭窄的空间，导致冰箱只能放置于走道。"

"厨房还正对着浴室，让做菜心情大受影响。"

Before story

　　这间49.5㎡的中古屋面临户型上的不完美，甚至因此丧失建筑物本身采光佳、视野开阔的优点，由于户型设计不良，客厅没有明确的电视主墙，躲在边角的厨房又非常狭隘，所以冰箱只好勉强塞在走道上，更尴尬的是，浴室还对着厨房，采光不佳，也没有干湿分离。

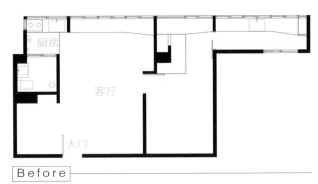

厨房　客厅　大门

Before

改造大重点**餐厨**

多重功能的设定

改造王·
郭柏伸·奇逸设计
02-27528522

窗台变卧榻、餐柜与厨房

户型第一步idea

"厨房以开放形态串联客、餐厅,并运用女儿墙下切手法规划出L形小橱具。"

After

· 面积: 49.5m² · 室内户型: 两室两厅 · 居住成员: 一人

After story

设计师将厨房移至右侧近主卧室,以开放形态串连客、餐厅,并运用女儿墙下切手法,规划出结合橱具、餐台、卧榻,让原有平台不只是台面也是餐椅,更具实用功能。

厨房的收纳足够，杂物不蔓延到餐桌，餐厅和客厅就清爽了！

拯救**不良餐厅、厨房**

case46

看房第一眼OS

"我这么爱下厨，但厨房却躲在屋子最深处，非常狭小。"

"厨房也离餐厅太远，端菜辛苦又危险。"

Before story

这是一个只有69㎡的空间，却规划了两室户型，显得拥挤。客厅虽有阳台，可惜反而让室内变得又小又窄。阳台也遮挡了窗外景致，丧失小公寓所处环境的优势。加上原本躲在角落的封闭厨房又闷又热，更让爱下厨的男主人失望万分。

Before

改造大重点**餐厨**

解放狭小厨房

HELP

改造王·
黄睦杰
匡泽空间设计
02-27518477

开放L形厨房，明亮又充满话题

 户型第一步idea

"把厨房移出来改为开放L形台面，可以一面做菜、一面和朋友聊天了。"

After story

将原本躲在角落的封闭厨房，转化为开放L形厨房，增加了空间的开阔性，老件糖果箱作为餐具柜，搭配空间的自然质朴更为吻合，餐具柜也仅以一道框架为主体，刻意裸露出冰箱的面材，制造虚实穿透的趣味，让收纳家具不仅实用，其本身更是一件作品。

After

· 面积：69m² · 室内户型：一室两厅 · 居住成员：一人

厨房的收纳足够,杂物不蔓延到餐桌,餐厅和客厅就清爽了!

拯救**不良餐厅、厨房**

case47

看房第一眼OS

"浴室阻挡光线进入厨房,做菜心情好阴暗。"

"厨房收纳规划不足,连冰箱都得放在水槽前。"

B e f o r e s t o r y

这间房子是约30年的公寓,其实窗外景致很好,望出去是一片绿荫,但是户型、动线却不是很理想,99m²的空间配置了四室,其中两间小房间若规划为卧室,更显狭隘拥挤。另外,一进门竟然就是客浴,隔间墙面造成局促、压迫感,同时也让后方厨房无法享有自然光。

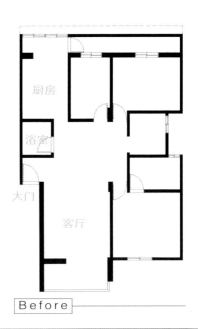

Before

改造大重点**餐厨**

移走挡光的浴室

改造王·
尤哒唯
尤哒唯建筑师事务所
02-27620125

厨房结合开放式吧台，让光线自由穿透

户型第一步idea

"**客浴挪动后，厨房也开放了，不仅获得明亮的光线，通过视觉的延伸也能享受到户外的绿意。**"

After story

老公寓户型重新整顿，特别是将大门入口客浴挪至屋子最深处的一间小房中，加上开放厨房的安排，即可获得具延伸通透的独立玄关，毗邻厨房的另一小房也采取透光、轻巧的玻璃折门为隔断，阳光充足、视角自由的公共厅区，让整个屋子变得明亮，也更为宽敞开阔。

After

· 面积：99m² · 室内户型：两室两厅、书房
· 居住成员：夫妻、一子一女

厨房的收纳足够,杂物不蔓延到餐桌,餐厅和客厅就清爽了!

拯救**不良餐厅、厨房**

case48

看房第一眼OS

"厨房的空间太小,我担心摆放电器设备的位置不足。"

"餐厅与厨房之间没有区隔,我担心厨房的杂物被看见。"

Before story

预想了家庭生活可能演变成三代同堂的局面,业主买下这间具有四室的中古屋。在主要空间不做大幅变动,仅在小部分的微调处理下,尤其餐厅、厨房的空间有限,必须在不改动户型前提下,完成兼电器柜使用的备餐柜,同时维持与客厅良好的互动关系。

Before

改造大重点**餐厨**
独立电器柜设计

改造王·
顾择承
泽样室内装修设计
03-3660936

造型端景，隐藏家电收纳功能

 户型第一步idea

"**将厨房的电器柜独立设计出来，结合备餐柜，再通过造型雕花墙面，美化餐厅意象。**"

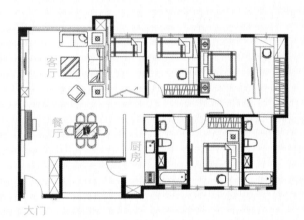

客厅

餐厅

厨房

大门

After

· 面积：155m² · 室内户型：四室两厅 · 居住成员：夫妻、长辈

After story

　　将电器柜功能从厨房独立出来，利用餐厅柱子的内缩空间，设计为备餐柜兼电器柜的使用空间，柜门又能变成餐厅的立面端景。主墙两侧的雕花镂空端景，右边其实是柜子门，整齐收放了微波炉、蒸锅等，明镜则有反映景深的效果，对称的剪影端景，映衬餐厅顶棚的花影意象。

厨房的收纳足够，杂物不蔓延到餐桌，餐厅和客厅就清爽了！

拯救**不良餐厅、厨房**

case49

看房第一眼OS

"被四面墙壁包住的厨房，采光、动线都非常不佳。"

"餐厅上方有大梁横过，感觉很有压力。"

Before story

由于整间屋子相当狭长，客、餐厅受限于先天户型，因而导致面积有限。一进门就看到客、餐厅之间有根大横梁，横向走道的上方也交错着许多管线，造成不小的压迫感受。位于走道旁的厨房形成阴暗又狭长的空间，狭长户型因光线不易进入，加上封闭式的隔间，造成空间局促、阴暗。

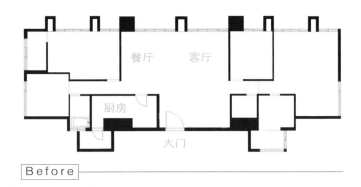

Before

改造大重点**餐厨**
移除隔间墙面

改造王·
周建志
春雨时尚空间设计
02-23926080

开放设计，采光、动线均佳

 户型第一步idea

"厨房原为长形的封闭空间，敲掉一半的隔间墙放置冰箱和家电柜，从此再也不阴暗！"

After

·面积：165m² ·室内户型：三室两厅 ·居住成员：夫妻、两子

After story

　　狭长厨房从中分成两区。前半部规划为开放式吧台，摆放电冰箱与各式厨房家电。内部的热炒区与料理台，则借由夹纱玻璃拉门来阻绝油烟与视线，同时并让来自餐厅外窗的阳光进入厨房，夹纱玻璃拉门则可阻绝炉灶的油烟并引进来自餐厅的光线。

厨房的收纳足够, 杂物不蔓延到餐桌, 餐厅和客厅就清爽了!

拯救**不良餐厅、厨房**

case50

⊖ 看房第一眼OS

"封闭式厨房显得局促又阴暗, 离餐桌有段距离。"

"餐厅也太小了, 根本无法招待太多朋友来玩。"

Before story

这栋中古屋除了需要淘汰、更换硬件与管线, 还得改善户型及窗景。首先, 封闭的隔间规划非但显不出空间层次, 还导致室内阴暗, 厨房显得封闭又拥挤。前、后阳台皆小, 尤其是前阳台曾被外推, 室内外过渡空间的距离被压缩了, 导致违建景观直驱而入。

客厅　　餐厅

厨房

大门

Before

改造大重点**餐厨**

舍一室做餐厅

改造王·
陈锦树
富亿设计
02-27099338

引光纳景，放大空间感受

 户型第一步idea

"**将紧邻厨房的卧室改成餐厅，开放式空间拥有来自后阳台的采光，更多了储藏室。**"

After story

公共区域是个大型空间。变宽敞的厨房与餐厅是女主人的天地，她可在此烹饪、喝下午茶、招待亲友。厨房与餐厅之间的白色吧台不仅可收纳物品，还能适时遮掩调味罐与小型厨房家电，让画面倍感清爽。餐厅旁的书房位于屋子最深处，以加宽的透明玻璃门来消除封闭感，同时兼收隔音之效。

餐厅

客厅

厨房

大门

After

· 面积：132m² · 室内户型：两室两厅、书房 · 居住成员：夫妻

厨房的收纳足够，杂物不蔓延到餐桌，餐厅和客厅就清爽了!

拯救**不良餐厅、厨房**

case51

看房第一眼OS

"我担心中岛厨房太开放了，家里会有油烟味。"

"虽然是开放式厨房，但收纳空间还是不太够用。"

Before story

此户住宅从建筑开发商配置的平面户型来看，最大的问题是，客厅旁的书房空间封闭、狭隘，开放中岛厨房又会有油烟问题，同时因为收纳空间的规划不足，容易使得餐、厨空间产生凌乱的状况。

Before

改造大重点**餐厨**
取消中岛区域的规划

改造王·
吴奉文、戴绮芬
宽月空间创意
02-85023539

黑玻璃折叠门，隔绝油烟问题

 户型第一步idea

"**改造阶段即取消书
房隔间、退掉中岛厨
区，厨房、餐厅之间以
铁件夹黑玻璃的折叠
门取代。**"

After story

　　取消原始的小中岛厨区，在
L形厨房的短边另延伸一道长形台
面，可作无油烟烹饪或实现简便
吧台功能，餐厅、厨房同时运用
黑玻璃推门为隔间，弹性的区隔
空间的功能与属性，既可利用带
有神秘朦胧的黑玻璃视觉感，淡
化厨房背景的凌乱，又能解决油
烟四溢的问题。

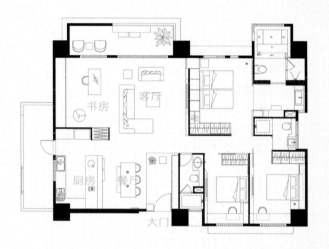

After

·面积：139m² ·室内户型：三室两厅、书房 ·居住成员：夫妻、两女

133

厨房的收纳足够，杂物不蔓延到餐桌，餐厅和客厅就清爽了！

拯救**不良餐厅、厨房**

case52

看房第一眼OS

"大门开在客餐厅中间，餐厅区域被压缩得好小。"

"封闭式的厨房与餐厅之间缺乏流畅动线和采光。"

Before story

35年公寓有从未改装的传统隔间，虽拥有三面临窗的建筑条件，但每个面向仅有一组对外窗的采光宽幅。基地后方成梯状的平面组合，加上旧有隔间切割户型，造成采光无法相互补充、每处空间封闭而无开阔效果，旧有空间户型无餐厅位置，厨房藏身在墙面后方，采光及互动性不佳。

Before

改造大重点**餐厨**

"一"字形开放式厨房

改造王·
谢宗益·绝享设计工程
02-87730290

开放式 "一" 字形厨房, 开阔餐厨空间

 户型第一步idea

"**拆除旧厨房墙面, 还给公共空间开阔无阻的户型。**"

After story

　　"一"字形开放式厨房, 打破从前窝在角落的料理方式, 缩短烹饪和用餐者的距离, 也让厨房台面拥有前、后两侧窗景带入的自然光及流动空气, 扫除过去层层隔间围起的窒碍感。如此一来, 公用场域任一区块, 皆平等且享有同样舒适的空间质量。

客厅

餐厅

厨房

大门

After

· 面积: 89m² · 室内户型: 两室两厅、书房 · 居住成员: 夫妻、两子

厨房的收纳足够, 杂物不蔓延到餐桌, 餐厅和客厅就清爽了!

拯救**不良餐厅、厨房**

case53

看房第一眼OS

"回房间居然要先进厨房, 动线好不合理。"

"厨房面积过大, 对不常下厨的我而言也太浪费啦!"

Before story

紧邻台北市信义商圈的好地点, 加上视野可及101大楼、山峦绿意的好环境, 让业主一眼就决定买下, 然而约66㎡的老房子, 原始户型过于封闭, 规划两间小房间的设计造成昏暗、压迫的感觉, 同时也阻绝了空气与光线的流动, 特别是对一个人居住的业主来说更是非常不恰当。

Before

改造大重点**餐厨**
弧形吧台就搞定

改造王·
邱民喜
大野室内设计
0932-159102

吧台取代厨房，提高使用效益

 户型第一步idea

"厨房以吧台取代，移动式台面下隐藏电炉、水槽功能，平常就是单纯吧台，超好用的！"

客厅   书房   厨房   大门

After

・面积：66m² ・室内户型：一室一厅 ・居住成员：一人

After story

为提高小房子的使用效率，利用客厅一面墙的空间整合了书柜、展示、猫屋，包括半腰的大理石电视墙后就是工作区，以及舍弃"一"字形橱柜，打造弧形吧台，以满足女主人与好友小酌的需求，且吧台台面为伸缩式设计，推开后依旧具有电炉、水槽功能，让女主人可在此进行料理。

厨房的收纳足够，杂物不蔓延到餐桌，餐厅和客厅就清爽了！

拯救**不良餐厅、厨房**

case54

⊖ 看房第一眼OS

"这间房子的视野太棒了，但却在卧室里？"

"餐厨空间离客厅好远，我希望做菜时也能和客人聊天。"

Before story

此间房子最珍贵的是外面的河岸景致，希望能将其发挥到最大，但原主卧室位于正面朝向淡水河的位置，浴室位置刚好遮住出河口，若将景色与光线封闭在房间内，太过可惜。尤其此户设定为度假空间，更希望将餐厨空间与客厅连贯一起，让客人来访时都能欣赏到室外风景。

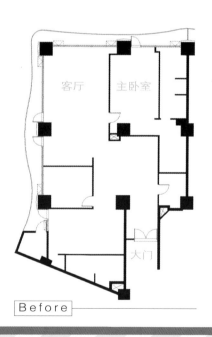

Before

改造大重点**餐厨**
把好景留给餐厅

HELP

改造王·
李智翔
水相室内设计
02-27005007

主卧室与餐厅、厨房换位，餐厅与客厅共享河岸美景

 户型第一步idea

"将开放厨房移到原主卧室位置，使其与客厅串连成开放空间，让人走到哪都能赏景。"

After story

　　若将景色与光线封闭在房间内太过可惜，考虑后将餐厨移到面向河的位置，与客厅串连成开放空间，广纳淡水河景致。因为本户设定为度假用途，不希望客厅有电视干扰，但偶尔还是会希望有看晨间新闻的功能，于是将电视与橱柜结合，利用隐藏升降五金将电视藏进中岛台面下，需要时再升上，以降低对空间的干扰。

After

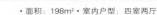

· 面积：198m² · 室内户型：四室两厅
· 居住成员：夫妻、一女

139

厨房的收纳足够，杂物不蔓延到餐桌，餐厅和客厅就清爽了！

拯救**不良餐厅、厨房**

case55

 看房第一眼OS

"从毛坯房的厨房位置里，我看不到收纳与功能的规划。"

"餐厅划分也不明确，让人想不到该在哪用餐才对。"

B e f o r e s t o r y

在这个106㎡的空间里，其实公共空间、房间并不算宽敞，且在毛坯房状态下的厨房空间，并无任何规划，使得喜爱烹饪的男主人，对所注重的收纳功能颇为失望。餐厅空间也不明确，受限于隔墙的划分，让空间过于零碎且不完整。

厨房

客厅

Before

大门

改造大重点**餐厨**

双边厨房规划

改造王·
初日发
初日发设计
0921-997747

强化厨房、餐厅功能，收纳大满足

 户型第一步idea

"**餐厅顶棚利用铁件玻璃材质打造特殊灯具，除照明外，将收纳向上设计，可摆放杯子、红酒。**"

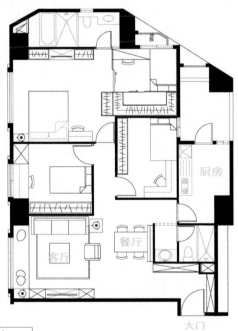

A f t e r

· 面积：106m² · 室内户型：三室两厅 · 居住成员：夫妻、两子

After story

　　双边厨房规划，倚墙面而设的橱柜，具有齐全的家电收纳功能，特别搭配与公共空间一致的烤漆面板，色调更协调，具有独特质感。而餐厅区则进行向上收纳，设计师打造特殊灯具，杯子、红酒都可放在上部。

厨房的收纳足够, 杂物不蔓延到餐桌, 餐厅和客厅就清爽了!

拯救**不良餐厅、厨房**

case56

看房第一眼OS

"工作阳台很大, 但居然在主卧室内!"

"厨房户型方正, 但却与餐厅各自独立疏远。"

Before story

　　这是屋龄约15年的房子, 业主对于未改造前的户型有些困扰, 主要是厨房离工作阳台很远, 洗个衣服还要穿过主卧室, 而且虽然是开放式的厨房, 却需要绕过餐桌才能进去, 使用动线相当不便, 所以户型改动的第一步就是令工作阳台与厨房的动线合理方便。

Before

改造大重点**餐厨**
工作阳台大移位

改造王·
李干才
大夏室内设计
02-23451882

让厨房与工作阳台连贯使用

 户型第一步idea

"**厨房动线与工作阳台连结，实木吧台结合餐桌的方式，创造出更为通畅、开放的餐、厨空间。**"

After story

首先将客厅后方的半开放和室、厨房户型重新作调整，半开放和室部分挪为规划工作阳台，厨房动线也改为与工作阳台连结，并运用实木吧台结合餐桌的方式，创造出更为通畅、开放的餐厨空间，实木吧台内嵌电陶炉设备，用于轻食、享用火锅、煮茶等多功能的运用，吧台侧面亦备有红酒收纳柜。

客厅　阳台　餐厅　厨房　大门　卧室

After

· 面积：125m² · 室内户型：两室两厅 · 居住成员：夫妻、两子

143

厨房的收纳足够,杂物不蔓延到餐桌,餐厅和客厅就清爽了!

拯救**不良餐厅、厨房**

case57

看房第一眼OS

"餐厅位于屋子没有采光的中段,吃饭总是要开灯。"

"餐桌又卡在通往房间的动线上,很容易就撞到。"

Before story

拥有四室的115m²中古屋,面临在户型配置上几个需克服的难题,餐厅暗、客厅小、无玄关、收纳功能不足,更重要的是,这是母子同住的家庭,未来还会有新成员——媳妇的加入,如何设置让两代之间既能保有私密性又可相互联系的生活动线,成为规划的主要方向。

Before

改造大重点**餐厨**

拆除厨房隔间墙

改造王·
何俊毅、廖亮宜
好适设计
02-25632033

引入光线，提升宽敞感受

 户型第一步idea

"**打开厨房隔间墙，以开放餐吧台连结开放厨房，环绕双动线更加宽敞。**"

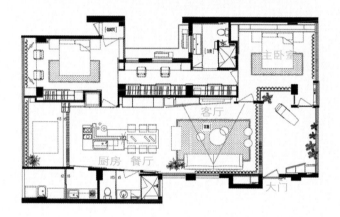

A f t e r

· 面积：115m² · 室内户型：两室两厅 · 居住成员：两人

After story

　　将独立的厨房拆除移出，与餐厅结合，加上相邻餐厅的客房改为半开放拉门形态，并稍微降低使用效率，使得前、后采光得以交汇流动，也大大提升公共厅区的宽敞度。最特别的是，餐厅、厨房以一道玻璃立面做连接，炉灶悄悄地隐身在玻璃墙后，刻意预留的玻璃一角，可摆放大型收藏品、圣诞树等，搭配灯光形成别致的端景效果。

厨房的收纳足够, 杂物不蔓延到餐桌, 餐厅和客厅就清爽了!

拯救**不良餐厅、厨房**

case58

🚫 看房第一眼OS

"40m²的空间想拥有 厨房和餐厅, 会是幻想吗?"

"一开门就看见厨房的 问题要如何化解?"

Before story

　　有限的面积里, 既要规划客厅、餐厅, 又要规划厨房、书房、卧室, 以及一套配置小便斗的浴室, 同时洗衣、干衣功能场所也须纳入。40m²的市中心小房子需维持基本功能, 可供两人生活使用, 但空间看起来必须是开阔宽广的。如何规划使空间感不会过度分割而变窄, 又可型塑空间动线, 是一个大问题。

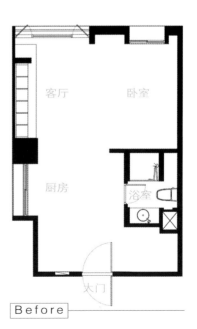

Before

改造大重点**餐厨**

厨房结合餐台

HELP

改造王·
张成一
将作空间设计
02-25116976

厨房移至中间，变Π形宽敞烹饪区

 户型第一步idea

"**设计师利用隔间柜、吧台的设置，为"一"字形厨房争取到升级为Π字形厨房的机会。**"

After story

厨房约占整体空间1/5，虽然室内只有40m²，也不要亏待厨房，于是以Π形的概念规划，同时为响应业主喜欢带点乡村气息的风格美感，餐台立面以直纹立板来修饰，带出乡居情调。女主人还特地选了小巧的提灯，垂挂在厨房的窗外，夜幕下的灯景更美，为精品华宅的生活谱写出美丽序曲。

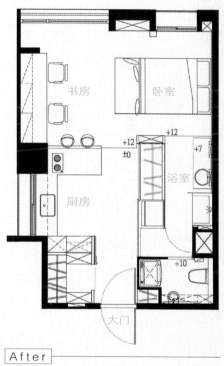

书房

卧室

+12 +12
±0 +7

浴室

厨房

+10

大门

After

· 面积：40m² · 室内户型：一室一厅 · 居住成员：夫妻

厨房的收纳足够，杂物不蔓延到餐桌，餐厅和客厅就清爽了！

拯救**不良餐厅、厨房**

case59

⊖ 看房第一眼OS

"小厨房被挤到阴暗的房子深处，非常不合适。"

"餐厅离厨房也好远，端菜要走来走去很累。"

B e f o r e s t o r y

买下这间老公寓房子的业主是一位单身男子，原始户型房间很大、厨房小小的、采光也不够，若对一个不下厨的男生来说或许能够接受，然而对身为面包师的业主而言，厨房才是他的生活重心，周末还会邀上三五好友前来吃饭，因此空间势必要重新做调整。

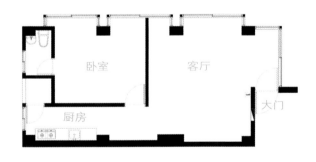

Before

改造大重点**餐厨**
中岛结合餐桌

HELP

改造王·
简武栋、柳絮洁
齐舍设计事务所
02-25505887

厨房移位成为中心，多种功能更好使用

户型第一步idea

"**将厨房移至客厅旁，除了创造互动关系之外，也让63m²的空间显得更加开阔。**"

After

· 面积: 63m² · 室内户型: 一室两厅 · 居住成员: 一人

After story

角落厨房改为开放中岛厨房设计，成为空间重心，中岛厨区身兼多项功能，内部是红酒柜、餐具收纳，台面又能供做面包及当餐桌用。设计师特别选用和木头砧板味道接近的实木材质作台面，呈现自然、朴实的质感，临窗面规划为炒菜，角落遇柱体部分以开放式台面和层板设计，用于使用频率较高的小型器具摆放。

厨房的收纳足够，杂物不蔓延到餐桌，餐厅和客厅就清爽了！

拯救**不良餐厅、厨房**

case60

看房第一眼OS

"厨房太小，杂物一多很容易又挤又乱。"

"厨房内设备、收纳家具不够，无法满足我喜爱下厨的需求。"

Before story

业主夫妇的家人留给他们这间屋龄超过40年的老公寓，除了管线、墙皮剥落、漏水等问题，老公寓最大的问题就是户型，一旦户型规划不当，自然影响光线、通风，这户老屋就是如此，约82.5㎡的空间划设出三室隔间，依附在厨房旁的小卧室使公共场域拥挤、局促，夹在两间卧室之间的卫浴间也太狭窄。

Before

改造大重点**餐厨**

只要把收纳家具做出来

改造王·
包涵宥
二水建筑空间设计
02-23671521

满足厨房收纳与料理功能

 户型第一步idea

"L形厨房以磨石子和木料打造而成，扩大后的动线也变得人性化而且顺畅。"

After story

重新整顿放大的厨房设计，呼应暖灰色系的中性空间调性，磨石子材质和木料打造而成的L形橱柜，呼应空间调性，扩大后的动线也变得人性化而且顺畅。结构柱两旁的黑板漆壁面内也具备丰富的收纳和作为电器柜的功能，与餐厅相邻处甚至拥有多功能料理台面。

卧室

餐厅　　客厅

厨房

大门

After

· 面积：82.5m² · 室内户型：两室两厅 · 居住成员：夫妻

厨房的收纳足够，杂物不蔓延到餐桌，餐厅和客厅就清爽了!

拯救**不良餐厅、厨房**

case61

⊖ 看房第一眼OS

"一打开门即见厨房和浴室门，感觉真不舒服。"

"而且短短的'一'字形橱柜规划根本不够用。"

Before story

　　92㎡的空间切割出两室两厅，显得密集拥挤，一打开门立刻就是厨房，虽然客厅、房间邻着的一道长阳台，但看出去为办公大楼。而厨房旁所依着的露台几乎没有遮蔽物，视野开阔深远，要能呈现度假住所的氛围，户型动线势必要经过大调整。

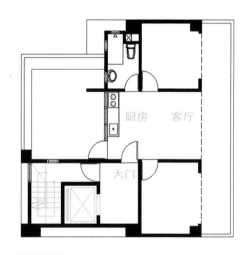

Before

改造大重点**餐厨**

打造度假氛围

改造王·
邱民喜
大野室内设计
0932-159102

"一"字形吧台贯穿整个室内外

👍 户型第一步idea

"'一'字形吧台贯穿至户外，借由水平线条张力产生放大感，让户外露台多了休闲用餐区。"

After story

开放式厨房、吧台紧邻客厅，大面积落地窗景让人能看到花园、天空，利用穿透延伸效果让空间感变大，开放厨房的吧台刻意延伸至露台，兼具户外用餐、喝茶的功能。客厅柜墙后则是主卧衣柜，双面柜的设计能为室内争取更大活动空间。

厨房

客厅

大门

After

· 面积：92m² · 室内户型：两室两厅 · 居住成员：夫妻、一子

厨房的收纳足够，杂物不蔓延到餐桌，餐厅和客厅就清爽了！

拯救**不良餐厅、厨房**

case62

看房第一眼OS

"厨房很大却没有窗户采光，连带餐厅也阴暗。"

"空间中过多的墙面，使得动线十分不顺畅。"

Before story

三十多年的房子，户型因受限于先天条件，多处出现斜边与畸零空间，尤其是厨房与餐厅为封闭式空间，由于出入动线曲折，过多的隔墙也阻挡了光线，使得采光不佳，产生阴暗、窄迫的空间感受，同时让家人之间的生活互动也受到影响。

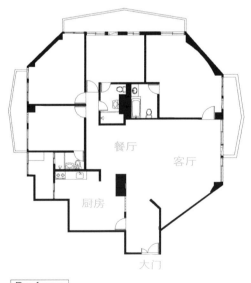

餐厅

客厅

厨房

大门

Before

改造大重点**餐厨**

通透拉门规划

HELP 改造王·
周建志
春雨时尚空间设计
02-23926080

延伸与放大餐厅、厨房空间感

 户型第一步idea

"将流理台移至靠窗处，餐厅迁至厨房外侧，开放式空间变得宽敞又明亮。"

After story

　　厨房及餐厅这个区块，也由于户型调整，一改阴暗、窄迫的苦情形象，重新以清新、愉悦的面貌示人。同时，新的餐厅旁边还多了佣人房与小储物间。而开放式的客厅、餐厅与厨房，让建筑前、后的采光得以顺畅进入，室内空间因而变得明亮，也感觉宽敞许多。

After

· 面积：224m² · 室内户型：五室两厅 · 居住成员：夫妻、长辈、三子

155

厨房的收纳足够, 杂物不蔓延到餐桌, 餐厅和客厅就清爽了!

拯救**不良餐厅、厨房**

case63

⊖ 看房第一眼OS

"我的厨房几乎与卧室一样大, 感觉颇为浪费。"

"餐厅与厨房彼此没有交集, 使用起来单调、无趣。"

Before story

一间屋龄25年的老房子, 却没有实际面积224㎡该有的宽敞、舒适感。在过多的墙面阻挡下, 让公共空间感觉很狭小, 同时原始厨房的空间过大, 宛若一间卧室。加上原始卫浴间位于空间中央, 让餐厅的空间与动线变得局促有限。而原始餐、厨空间功能、动线无法连贯, 造成生活不便。

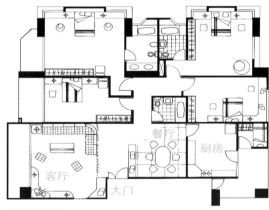

餐厅　厨房　客厅　大门

Before

改造大重点**餐厨**
拆除客用卫浴间、缩小大厨房

改造王·
吴奉文、戴绮芬
宽月空间创意
02-85023539

L形吧台加强餐厨功能

 户型第一步idea

"拆除原始厨房隔间，以L形吧台的规划取而代之，加强与餐厅的功能与生活互动。"

After story

    拆除客用浴室重新规划为餐厅，与客厅、吧台紧密连结，使动线与使用功能连贯，同时将旧有方正又独立的大厨房缩小，并处理为长条结构，透过架高L形吧台连接半开放厨房设计，营造厨房、餐厅的通透感，不仅让空间合理化，也赋予业主更多元的生活形态。

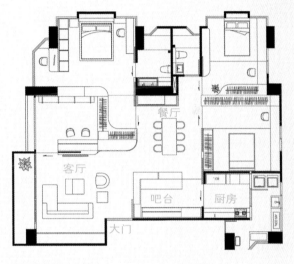

After

· 面积：224m² · 室内户型：三室两厅 · 居住成员：夫妻、一子一女

157

厨房的收纳足够, 杂物不蔓延到餐桌, 餐厅和客厅就清爽了!

拯救**不良餐厅、厨房**

case64

看房第一眼OS

"我想要书房又想要餐厅, 但空间似乎不够。"

"封闭式的厨房规划, 令人做菜时觉得好孤单。"

Before story

长期在国外生活的夫妇, 早已习惯开放式厨房的烹饪, 面对新居, 最要紧的是希望户型能够与之前居住环境相似。另外, 与厨房相邻的空间本来设定为餐厅, 儿子提出希望空间中能有个书房, 如何在简单中取得平衡, 以及满足全家需求的户型, 是此户的规划重点。

Before

改造大重点**餐厨**

取消餐、厨隔间

改造王·
李中霖
云邑室内设计
02-23649633

定制餐桌变身阅读、工作桌

 户型第一步idea

"**餐厅部分特别定做不规则造型大餐桌，作为厨房备餐台，更可依需求转换为阅读、上网使用。**"

After story

采取开放厨房形态与公共空间产生串联，橱柜吊柜刻意未到顶棚，往下降至贴近人体工程学舒适的拿取高度，用扁长形吊柜配上黑烤漆玻璃背景，与空间想传达的简单风格相互呼应。设计师自原橱柜台面向右延伸半腰式橱柜，为喜爱品酒的业主提供红酒柜功能，以及其他餐厨所需的收纳空间。

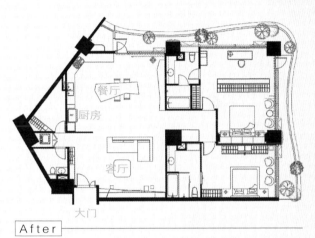

After

·面积：181.5m² ·室内户型：两室两厅 ·居住成员：夫妻、一子

厨房的收纳足够, 杂物不蔓延到餐桌, 餐厅和客厅就清爽了!

拯救**不良餐厅、厨房**

case65

一 看房第一眼OS

"偶尔才会使用餐桌, 却要让它占去一大部分空间。"

"需要多一些收纳空间, 但似乎没有地方规划储藏室。"

Before story

建筑原有开窗方式不理想, 大大影响室内采光与观景条件, 使得餐、厨空间光线不易到达。设计师进场规划前, 现场一无所有的裸屋状态, 让人不知所措, 且碍于建筑本身紧邻山边, 几乎所有建材、家具都难以抵挡潮湿侵蚀, 建筑物原有醒目横梁, 预期将会通过客、餐厅上方, 可能会影响空间整体感, 并造成视觉上的压迫。

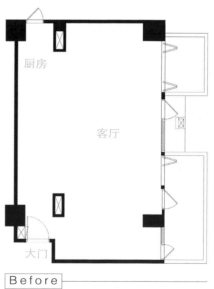

厨房

客厅

大门

Before

改造大重点**餐厨**
打造桧木活动餐橱

改造王·
刘国尧
自游空间设计
02-25570055

仿制日式菜橱的复古风情

户型第一步*idea*

"**桧木橱柜下方设计多功能活动家具，收纳完全不占空间，拉出后成为舒适的四人餐桌椅。**"

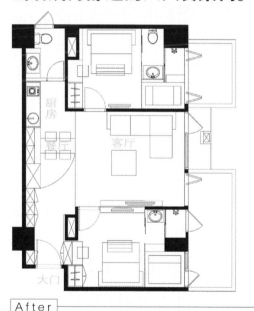

厨房

餐厅　客厅

大门

After

· 面积：99m² · 室内户型：两室两厅 · 居住成员：夫妻

After story

　　餐厅以重叠活动家具，取代传统餐厅与餐桌椅，沿着小巧的"一"字形厨房，以桧木打造长条形多功能收纳区取代储藏室，洋溢浓浓怀旧风情的格栅外观，易于通风与收放物品，与早年流传的菜橱样式相仿，特别是橱柜底部附设滚轮的内嵌式活动家具，依序拉开来可以变出L形餐台和两张长凳，长凳还能转做端几或其他用途，受到主人喜爱。

花小钱改户型 省钱三步骤

把关拆除→泥作→木作阶段
中古屋翻修使性价比大提升

改户型绝对不是把全部的墙拆光，只要动几道墙，
就能改变空间的采光、气流，人住进去后气场变顺，身体自然健康，
尤其在改造中古屋时，业主的预算往往吃紧，更要把钱花在刀刃上，
从拆除、泥作、木作三方面剖析，让业主省钱又省力。

Step1: 省拆除费用 选对工法，省时无噪音

☑ **拆除前要注意的事**

拆除前一定要请结构工程师评估，避免拆到结构墙。由于拆除过程中会发出噪声，也务必要先拜访邻居并告知，方便后续工程顺利进行。以老房翻新30万元的预算来说，约有12万元会花在拆除、泥作、隔间、更换管线等看不见的基础工程上。

☑ **老屋翻修拆除费 占总预算6%~10%**

- 拆除一道240cmX120cm的墙约200元
- 废料运送费，一台车680~780元
- 拆除工资，1人每小时400元
- 以99㎡中古屋计算，拆除全部隔间，2~3万元

拆除工程包括隔间、浴室、瓷砖、地板、顶棚、铝窗等，尤其中古屋多无电梯，搬运费就是一笔大支出，所以最好一次拆除，请吊车直接搬运最快。

☑ **水刀磨切开窗优于直接敲打**

老房改建常遇到重新开窗的问题，建议用水刀磨切工法切割墙壁开窗，直接切下一大块壁面，不太会损伤结构与防水性，且施工迅速、没有噪声，虽然比敲墙来得贵，却可省下后续补墙、补砖、补防水的工钱，总的加起来价钱差不多，却可降低许多噪声。

☑ **厨房贴烤漆玻璃省拆砖费**

想要省钱，厨房墙面就不用拆除旧瓷砖，只要请木工做好吊柜、橱柜，中央炉火区、水槽区的墙壁后直接贴上烤漆玻璃，就可节省一笔拆除费。

☑ **不拆地砖直接铺木地板**

在需要铺设木地板的房间，可在旧地砖上直接铺设，可省下拆除地砖的费用。但若是要铺设瓷砖或是大理石，旧地砖就必须全部敲除，粗糙的基层才能咬合新的底材。

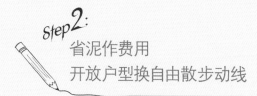

Step2:
省泥作费用
开放户型换自由散步动线

☑ 减少隔间省砌墙、油漆费

规划开放式的客厅、餐厨空间，或是以线帘、布帘或玻璃作为穿透性隔间，都可以省下砌墙、油漆费用，能让空间有放大、明亮的效果，让采光、空气自由流动之后，居室的质量就会更加提升。

☑ 轻隔间取代砖墙

用轻隔间取代砖墙可省一半的预算，因为粗糙的砖墙需要抹灰、粉刷，平滑的硅酸钙板则可免去抹灰过程，除非是有水的区域如厨房、浴室需要砖墙隔间之外，其他区域都可以用轻隔间夹吸音棉来隔音，或是将柜子安排在轻隔间前，提高隔音效果。

☑ 浴室移位不超过100cm

浴室因为牵涉到管道、防水墙的处理，若要移动会增加一笔不小的费用，如果真的要挪动浴室，建议不要超过100cm，因为移动得越远，管线的泄水坡都就要越高，地板就要垫得越高，反而影响到整个空间的高度，未来也容易造成阻塞。

☑ 储藏室比收纳柜省钱

利用集中收纳的储藏室取代分散收纳的柜子，可以省下木作柜子的层板、贴皮、油漆等费用，只要以便宜的金属层架摆放在储藏室内即可分层管理，外部空间也会更简单、利落，空间显得更宽敞。

☑ 窗台变水槽省空间

法规规定窗台外凸只能30cm，所以可以利用旧屋常见的外推窗设计成浴室或厨房的内部水槽，或是可以设计洗杂物的阳台外部水槽，增加使用功能。

Step3:
省木作费用
把钱省下来买好一点的家具

☑ 弹性房间减少装修

许多业主喜欢在家规划一间客房或和室作为弹性空间，建议此房间不要过度装修，仅一个收纳衣柜和架高地板即可，不仅可以省下眼前的装修预算，日后也可随着家庭成员阶段性的需求，改为婴儿房或其他用途。

☑ 烤漆玻璃、镜子省预算效果好

烤漆玻璃与镜子这类材料的单价并不高，却兼具了穿透、反射的轻盈效果，例如书房或和室可采取玻璃的隔间，增加空间明亮度，营造出充满现代感的风格。

☑ 壁纸取代木作

用贴壁纸的墙面来取代木作的造型墙面，可省下木作后续的贴皮、上漆等费用，尤其是卧室床头墙面，以鲜明的壁纸图案装饰，更能增添年轻、活泼的感觉，可将省下的费用用在添置有质感的家具上。

☑ 间接照明、吊灯取代顶棚灯槽

老屋通常会有高度不足的问题，若以木作将顶棚封平内藏间接光源反而会造成压迫感，建议以侧边的间接照明或是吊灯等设计来取代，也可以降低预算。

☑ 次要空间使用系统柜

公共空间的客、餐厅讲究量身定制的造型美感，柜体采用木作设计才能突显风格，但卧室区域等较隐秘的柜体，则可采用成品柜，省去现场贴皮、上漆的步骤，降低预算。

主卧室,总是贪心地想要越大越好啊!

拯救**不良主卧室**户型

case66

看房第一眼OS

"虽然有四室,但每一间都感觉不够用。"

"我们想要有更衣室可以放很多衣服和行李箱。"

Before story

虽然拥有119㎡的室内空间,却因为销售需求而被建筑开发商切割成四室的户型,使得每个空间显得狭小,尤其是主卧室功能不足,并不适合年轻的业主夫妇使用,加上他们喜爱出国旅游,有众多的衣物与行李箱,希望能够有妥善收纳的地方。

Before

改造大重点**主卧室**

舍一室换两室

改造王·
唐忠汉·近境制作
02-27031222

拆除一室变更衣室与书房

户型第一步idea

"**将主卧室隔壁房间拆除，一半给开放书房、一半当更衣室，收纳需求满足了，拿取也超方便！**"

After story

　　将主卧室及书房中间的小空间规划为更衣室，且包含化妆台的功能，并设计由主卧室和餐厅进出的两个入口，尤其是靠餐厅出口方便业主在出国旅行时，可以轻易将旅行箱拉到外面，省去还要绕过主卧室的行走动线，十分便利，主卧室少了衣柜，单纯提供睡眠功能，也因此变得更为清爽、整齐。

After

· 面积：119m² · 室内户型：三室两厅 · 居住成员：夫妻

主卧室，总是贪心地想要越大越好啊！

拯救**不良主卧室**户型

case67

看房第一眼OS

"孩子都搬出去住了，终于可以重新改善住的空间。"

"我想要有干湿分离，能好好泡澡的、宽敞的主卧浴室。"

Before story

过去是一家四口居住的空间，如今孩子都在外地念书、工作，夫妻俩兴起重新装修的念头：与其让房间空着，不如变成两人居住的弹性好空间。同时也可以将原本狭小的主卧浴室好好改善，增加泡澡、干湿分离功能，让空间变得宽敞、舒适。

客厅

主卧室

浴室

厨房

大门

卧室

Before

改造大重点**主卧室**

舍一室变超大主卧室

改造王·
廖文琪、吴怡贤
其可设计
02-27715066

主卧室和卫浴间大变身，享受自然光

 户型第一步idea

"**拉齐不平户型，移动卫浴空间至靠窗景观处，打造出既干湿分离、又能悠闲泡澡的超大主卧空间。**"

After story

原本四室两厅的户型，经由大幅度的变动，改为三室两厅、花园起居室的美式居家。设计师特别将主卧室规划在享有两面大窗的房间，并将原处的客用小卫浴拆除，于靠窗处设计了女主人所期盼的干湿分离的淋浴与泡澡空间，加上更衣室与主卧室，让生活更加舒适。

After

· 面积：244m²（含花园）· 室内户型：两室两厅 · 居住成员：夫妻

主卧室，总是贪心地想要越大越好啊！

拯救**不良主卧室**户型

case68

看房第一眼OS

"顶楼加盖的老房子又闷又热，还隔出拥挤的三室。"

"希望能有凉爽的主卧室和充足的收纳空间。"

Before story

　　30多年的顶楼加盖老房子，只有59㎡的空间却隔出三个房间，可以想象有多么拥挤，采光、空气对流自然也不会太好。随着业主即将迈入人生另一个新阶段，年轻夫妻俩希望重新翻修后能获得宽敞、明亮的舒适感，以及充足的收纳空间。

Before

改造大重点**主卧室**

一间两用

复合功能，完成多元空间

HELP 改造王·
郑明辉
虫点子创意设计
02-89352755

户型第一步idea

"**将书房的隔墙拆除，一半给开放书房、一半纳入主卧室当作更衣室，以活动折门取代一般隔间的空间，使空间更通畅。**"

After story

　　首先设计师利用屋顶的双层结构、开放对流动线，创造好通风。再以穿透与延伸手法将59㎡空间变得犹如99㎡。此外，设计师特别扩大主卧室空间，将书房的一半规划为独立的更衣间，提供给夫妻俩充裕的衣物收纳空间，以及满足女主人的梳妆功能。

After

· 面积：59㎡·室内户型：两室两厅·居住成员：夫妻

主卧室,总是贪心地想要越大越好啊!

拯救**不良主卧室**户型

case69

看房第一眼OS

"两室打通的主卧室很宽敞,却没有好用的收纳空间。"

"浴室的门正对着床铺,感觉很不舒服!"

Before story

经过改造的两室两厅新房,虽然户型还算不错,但主卧室床铺面对着浴室门。虽然已经决定了床铺方向,但面对着厕所门这个大问题,得好好改善。加上卧室属于偏长条形结构,在进门右侧角落有片空间,业主夫妇希望能够整合成更衣室、梳妆功能。

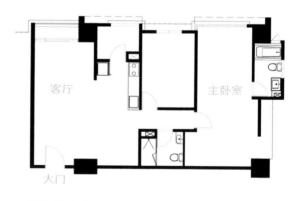

客厅

主卧室

大门

Before

改造大重点**主卧室**

壁板+暗门

改造王·
曾建豪、刘子瑜
PartiDesign Studio
0988-078972

壁板造型，巧妙地修饰出入动线

户型第一步idea

"**运用简单的壁板造型与暗门设计，巧妙地修饰浴室、更衣间出入动线，关上门使主卧室空间变得更完整。**"

主卧室床铺面对浴室动线的尴尬问题，设计师采取白色壁板造型暗门予以化解，当门关上时呈现如完整壁面的视觉效果，并亦延伸成为更衣室门面，巧妙地修饰浴室、更衣室的出入动线，让更衣室内拥有较独立的梳妆区域，同时兼顾男女主人的收纳需求。

客厅

主卧室

更衣室

大门

After

· 面积：86m² · 室内户型：两室两厅 · 居住成员：夫妻

171

主卧室，总是贪心地想要越大越好啊!

拯救**不良主卧室**户型

case70

⊖ 看房第一眼OS

"主卧室虽然有小书房，但已变成衣物和杂物堆。"

"每次收拾卧室都好花力气，能不能有更衣室让我放东西?"

Before story

　　屋龄25年的公寓，过去是业主和妹妹同住，同时将另一间房分租出去，其实屋况并不是很好，随着妹妹结婚，自己也有成家计划，于是决定将老房子重新翻修。想要有一间开放式书房，而在原来自己用的主卧室旁边的小书房，早已变成衣物和杂物间，没有完整的收纳功能。

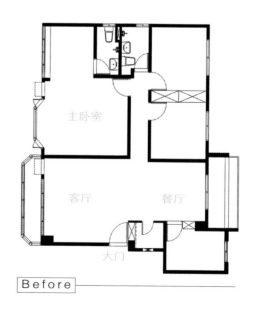

主卧室

客厅　　餐厅

大门

Before

改造大重点**主卧室**

只要系统衣柜

利用系统衣柜打造更衣室，让更衣沐浴更方便

 户型第一步idea

"**双层系统衣柜变身独立更衣室，并更改卫浴间的入口，让更衣、沐浴更加顺畅。**"

After

· 面积：99m² · 室内户型：两室两厅、书房 · 居住成员：夫妻

After story

　　设计师将主卧室旁的原始小书房重新规划，运用小书房的空间，重新打造独立的更衣间，搭配双层的系统衣柜，增加实用的收纳功能，并将镜子与浴室推拉门结合，让主人一回家就可以更换衣物并沐浴，获得清爽与舒适，顺便在更衣室收挂衣物，保证主卧室的整齐与干净。

主卧室，总是贪心地想要越大越好啊！

拯救**不良主卧室**户型

case71

看房第一眼OS

"希望有大的主卧室，也希望有书房，要怎么安排动线？"

"孩子假日就会回来住，空间要有三个房间的规划。"

Before story

125m²的毛坯房，虽然经过改造，仍然不是很符合业主的要求。将要退休的业主夫妇，平日只有两人居住，但一到假日孩子就会回来，因此希望在有限的空间中能规划出四室两厅双卫，还要有专属的书房及更衣室……这真是对设计师的大考验！

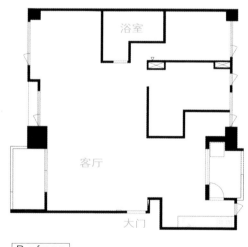

Before

改造大重点**主卧室**

木门+玻璃门

改造王·
马健凯·
界阳&大司室内设计
02-29423024

一实一虚的门，划分公私场域

 户型第一步idea

"将主卧室设在书房后方，并以木门区隔餐厅，保护隐私。以玻璃推拉门区隔书房，可视需要开关。"

After story

由于业主希望将阅读与睡眠空间规划在同一区域中，所以设计师将主卧室设在书房的后方，以一道木门与雾面玻璃推拉门分别区隔餐厅与书房。书房的书柜则与主卧室电视墙共享，在保护私人隐私的同时也善用空间。平日拉开书房推拉门，便可让主卧室与书房成为相通的私人空间。若遇宾客来访，便将雾面玻璃门拉上，客人就不会看到私人空间的隐私。

After

· 面积：125m² · 室内户型：三室两厅 · 居住成员：夫妻、一子

主卧室，总是贪心地想要越大越好啊！

拯救**不良主卧室**户型

case72

⊖ 看房第一眼OS

"由于孩子都已经上中学，都想有各自的房间。"

"但有办法在35m²的小屋里隔出3个睡觉的地方吗？"

Before story

这栋屋龄已超过30年的旧屋，面积仅有35m²，麻烦的是却无夹层可利用，加上业主孩子都上了中学，都希望各自有自己的房间，原来仅有的一室户型必须隔出3个可睡觉的区域，加上众多的物品，需要大量的收纳空间，这让规划问题难上加难。

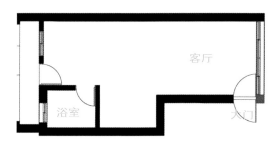

Before

改造大重点**主卧室**

1m²抵3m²用

改造王·
黄俊勋
绝享设计工程
02-87730290

将空间分为上、下两部分，
上部睡眠、下部阅读与收纳

👍 户型第一步idea

"打破平面思考，让衣橱变床架、床底作书桌、收纳柜成为坐榻。"

After story

设计师打破平面思考，一分为三的卧室在设计上的共通原则是：将空间依立面分为上、下两部分，上部为卧铺，下部则作为其他功能使用。他先将走道改至左侧，使空间足以规划出三室，并借由重叠利用的手法让衣橱变床架、床底作书桌、收纳柜成为坐榻，甚至走道顶棚也能收纳，运用1m²抵3m²用的终极设计，完成三室户型的不可能任务。

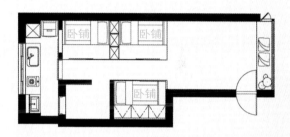

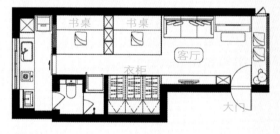

After

· 面积：35m² · 室内户型：三室一厅 · 居住成员：母亲、一女一子

主卧室,总是贪心地想要越大越好啊!

拯救**不良主卧室**户型

case73

看房第一眼OS

"虽然有三室两厅,但每间房都好小喔!"

"希望主卧室和卫浴间能大一些,未来有宝宝也可有照顾的空间。"

Before story

　　虽然是新房,但原始户型产生许多不规整的结构,房间切割得过于零碎、主卧浴室狭小,加上仅有单面采光,整个空间感缺乏舒适性。而且不到82.5m²的房子就规划了三室,每间房间却都小小的,虽然目前仅有夫妇俩住,可是当有了孩子时该怎么办?

主卧室　卧室　客厅

卧室　大门

Before

改造大重点**主卧室**
只要推拉玻璃门

改造王·
无有建筑设计团队
无有建筑设计
02-27566156

清透弹性书房，为未来生活做准备

 户型第一步idea

"以半开放式的书房作为弹性隔间，既可独立为客房，也可与主卧室结合，让生活充满未来感。"

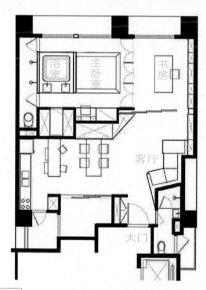

浴室　主卧室　书房

客厅

大门

After

· 面积：82.5m² · 室内户型：两室两厅、起居室 · 居住成员：夫妻

After story

　　设计师根据生活所需要光线的优先次序，将主卧室安排于主要采光面，并结合推拉玻璃门为客厅、卧室隔间，顺利地让光线穿透至室内。而原有起居室改为半开放式书房，让它成为一个弹性空间，可与主卧室结合成为婴儿房，其六扇旋转门扇能视需要自由独立开关。原本狭小的主卧卫浴更改为犹如精品酒店的开放式设计，充分满足业主需求。

主卧室，总是贪心地想要越大越好啊!

拯救**不良主卧室**户型

case74

看房第一眼OS

"房子内没有任何梁柱支撑，只以钢筋混凝土墙作结构，等于不能改户型。"

"主卧室是狭长的户型，又不能拆除墙面，该怎么办?"

Before story

从上一辈传承下来的30年老房子是年轻夫妇未来的新房，然而当建筑师测量屋况时却发现，这是个无梁板老房子，就意味着隔间完全无法变动，既有的公共厅区只有客厅、厨房，少了可用餐的功能。而主卧室在一堵水泥墙的限制下，形成狭长的结构，空间功能的定位变得很重要。

主卧室 卧室
卧室 客厅
厨房 大门

Before

改造大重点**主卧室**

只要H形钢结构

改造王·
尤哒唯、林睿择
尤哒唯建筑师事务所
02-27620125

以H形钢结构拉长水平，打造流动的空间感

 户型第一步idea

"**利用残留的墙面，以H形钢结构拉长水平，作为空间介质，带出自然流动的空间感。**"

After story

早在规划之前，业主就已将左右相邻的两个小房间处理成主卧室，这也让建筑师在探讨主卧室的定位上，能够借由一堵残留在主卧室空间里的水泥墙，透过H形钢的组立，强化主卧室、更衣间及书房彼此间的流动关系。利用H形钢屏风与后方的橱柜设立更衣间，是睡眠区与阅读区的中介，为整体空间带来流畅的感受。

`After`

· 面积：82.5m² · 室内户型：两室两厅 · 居住成员：夫妻

主卧室，总是贪心地想要越大越好啊！

拯救**不良主卧室**户型

case75

一 看房第一眼OS

"卧室里的浴室好窄，一推开门就会撞上马桶。"

"三室的规划虽好，但主卧室之外的两室小得可怜。"

Before story

原始三室两厅户型虽然足以供单身的业主使用，但是除了主卧室，其余两间卧室都小小的不好用，而且主卧卫浴状况惨不忍睹，不仅灰暗，浴缸、台盆和马桶紧贴着彼此，一推开门几乎要撞上马桶，还得转身后才能关上门，这种状况实在无法让业主放松自在。

Before

改造大重点**主卧室**
舍一室换大卫浴

HELP 改造王·
赖婳如
达利室内设计
02-26309978

拆除一室扩大卫浴，增加更衣空间

 户型第一步idea

"将主卧卫浴旁的房间拆除，扩大卫浴空间，并增加更衣处，满足主人爱泡澡的愿望。"

After story

设计师将户型重新调整，拆除小卧室，纳入并扩大主卧浴室空间，让卫浴成为主卧室的幸福焦点。推开主卧卫浴的门，多彩的复古瓷砖地面，点缀了古典壁板、踢脚板设计，淋浴间、马桶各自独立，而古典浴缸安排在浴室入口，让主卧卫浴间成为卧室最美的风景。

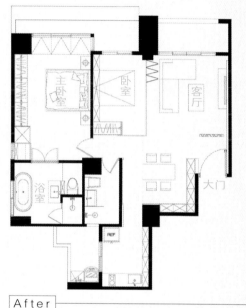

After

· 面积：99m² · 室内户型：两室两厅 · 居住成员：一人

主卧室，总是贪心地想要越大越好啊！

拯救**不良主卧室**户型

case76

看房第一眼OS

"和室夹在主卧室和儿童房中间，感觉封闭不太好用。"

"走道也因为被阻挡光线，看起来昏暗、不舒服。"

Before story

原始的三室两厅户型看起来很规整，但是和室被主卧室、儿童房夹在中央，空间感觉很闭塞，也因隔间墙的阻挡之下，让人在走道上来往时感到拥挤、不舒服，光线也明显不够明亮，连带地让和室的利用不如预期的好，感觉有点浪费空间。

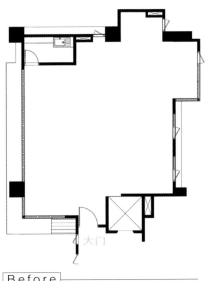

大门

Before

改造大重点**主卧室**

双入口和室

改造王·
大祈设计团队
大祈室内装修设计有限公司
03-6588875

玻璃和室变身主卧室的休憩空间

 户型第一步idea

"**拆除和室的隔间墙改为玻璃拉门，与主卧室紧邻的隔间则变更为木作拉门，纳入主卧室的休憩区。**"

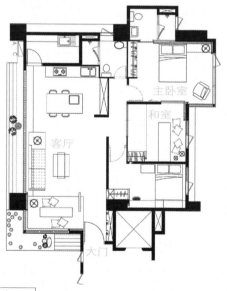

After

· 面积：99m²· 室内户型：两室两厅、和室· 居住成员：夫妻、一子

After story

　　设计师首先拆解和室的隔间墙，在相邻走道处采取玻璃拉门，使和室内的窗户光线能带往走道，视线深度就能延伸至客厅，让空间具有开阔感。而和室与主卧室紧邻的隔间则变更为木作推拉门，巧妙地将和室纳为主卧室休憩区的一部分，增大主卧室的功能。

185

主卧室, 总是贪心地想要越大越好啊!

拯救**不良主卧室**户型

case77

看房第一眼OS

"我想要主卧室又想要书房, 但客厅、餐厅会变得很挤很小。"

"主卧室门口正对客厅, 让客厅墙面变得不完整。"

Before story

从事时尚产业的单身业主买下这间两室两厅的房子, 看似符合一个人的生活状态, 但其实室内面积仅49.5㎡, 对业主而言最大的困扰是: 空间感觉太狭小了! 因为客厅进深比起一般住宅少了将近80cm, 而主卧室的门口又正对着客厅, 加上邻侧的书房采取的是实墙隔间方式, 这让长条形公共空间的也显阴暗。

Before

改造大重点**主卧室**

主卧室门转向

改造王·
沈台宣、刘鸿怡
清设计
0937-831647

斜切开放书房，提升明亮与宽敞度

 户型第一步idea

"**主卧室结合开放书房，打造弹性与独立的大主卧空间，让光感与视感都舒适又明亮。**"

After

· 面积：49.5m²·室内户型：一室两厅、书房·居住成员：一人

After story

　　"以49.5m²的空间来说，最适合的比例是采取可弹性开放、独立的大主卧室概念。"设计师分析说道。但由于要满足书房需求及尽可能地保留原隔间，设计师更要绞尽脑汁规划最具效率的空间户型。于是设计师将主卧室的房门转向书房，并拆除书房邻走道的一道隔间墙，打造弹性主卧室，也让书房与公共空间光线流通连贯，取得宽敞、舒适的效果，提高厅区的明亮度。

主卧室，总是贪心地想要越大越好啊!

拯救**不良主卧室**户型

case78

看房第一眼OS

"卧室里的浴室卡在角落有些碍眼，希望泡澡时能欣赏美景。"

"三角形的主卧室户型，要怎么隔出充裕的更衣室空间。"

Before story

归国华裔新婚夫妻，在台湾买下他们的居所。这对年轻的夫妻，因为这座宅子的阳光与景观，决定超出预算买下。他们在意空间规划的独特性，不在意建筑斜角设计形成的多角空间，只希望主卧室与主卧浴室的视线能完全开放，但是房里有一块大斜角与不能拆的隔间墙。

主卧室

客厅

浴室

大门

Before

改造大重点**主卧室**

卫浴大转向

改造王·
郭宗翰
石坊空间设计研究
02-25288468

主卧室床头就是洗手台，舒爽的全开放设计

户型第一步idea

**"将主卧卫浴以90°
直角大转向，卧室结合
浴室与更衣空间，让生
活零距离。"**

After story

　　设计师原本计划将主卧室中的浴室规划在拥有大面窗景的空间转角处，并拉齐主卧室及更衣空间，然而却有一道小区管委会规定不能拆掉的隔间墙。于是设计师将主卧卫浴以90°直角大转向，让洗手台与床之间零距离！并在卧室空间的斜角处设计一座木质矮柜，整合所有柜体成为完整的阳光收纳区。

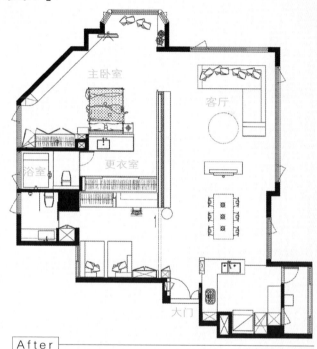

主卧室　客厅　更衣室　浴室　大门

After

・面积：125m² ・室内户型：一室两厅、书房 ・居住成员：夫妻

主卧室,总是贪心地想要越大越好啊!

拯救**不良主卧室**户型

case79

一 看房第一眼OS

"住宅单面采光,主卧室这一侧都阴阴暗暗、窄窄小小的。"

"预留的婴儿房一定要独立一间卧室吗?感觉很浪费空间。"

Before story

虽然现在的空间对于夫妻俩人生活尚可,但若是以未来的生活进展来检视眼前屋况:单面采光、三间小房间、小客厅、小餐厅,而且主卧室与儿童房是分离的,剩余的角落空间完全无法使用,这样的户型规划绝对不足以应付未来的生活变化。

Before

改造大重点**主卧室**

舍一室变成多功能室

HELP

改造王·
张成一
将作空间设计
02–25116976

主卧搭配折门与架高地板，变身阳光弹性空间

户型第一步idea

"**合并原本的两小房，以折门弹性区隔主卧室与多功能室，作为未来的育婴空间及儿童房。**"

After story

　　两间卧室合并后，主卧空间前端采用架高地板搭配玻璃折门设计，赋予多功能室的功能，更让光线得以大量地深入房内。拉开折门后，两区连成一体，通透、开阔、明亮。一旦新增家庭成员，该区自然是便利照顾的育婴室。而以后，幼儿须有独立的卧室空间，将折门改成实门，轻松地就能将大主卧室变更为独立的两室。

After

· 面积：74m² · 室内户型：两室两厅、书房 · 居住成员：夫妻

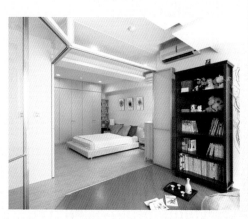

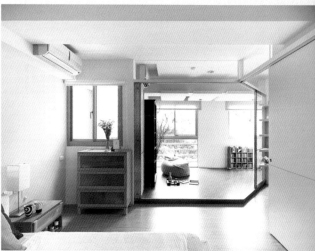

191

主卧室, 总是贪心地想要越大越好啊!

拯救**不良主卧室**户型

case80

看房第一眼OS

"主卧室超宽敞, 不过卫浴的门竟然正对着床铺。"

"可把更衣室改为儿童房, 但主卧室收纳空间还要够大。"

Before story

165m²的新房, 三室两厅的户型是适合业主一家三口生活的。然而改造过了一年半, 业主突然希望还能多增一间儿童房。加上主卧室虽然宽敞明亮、景观优美, 拥有豪华的卫浴设备及超大更衣室, 但受到房型局限, 床铺的摆置面临了正对浴室门口的窘境。

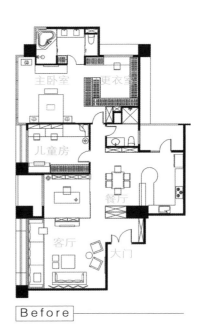

Before

改造大重点**主卧室**

精品酒店式配置

改造王·
翁振民
幸福生活研究院
02-23936013

转换床位方向，用绿意洗涤睡意

 户型第一步idea

"**将床位转向面对落地大窗，以绿意来迎接每个早晨，搭配双面的床头柜，享受精品酒店般的生活。**"

After story

设计师将原先主卧室的更衣室改回预备的儿童房，并利用衣柜作为彼此的隔间。并且大胆地采用精品酒店式的配置，将床位方向迎窗配置，绿意成为起床后映入眼帘的第一个画面。床头柜采双面设计，背面是让女主人惊喜的紫色梳妆台。搭配隔间的主卧衣柜，利用烤漆方格木的特殊凹凸来营造生动表情，与床头柜的长方形软包交织出低调的几何趣味。

After

• 面积：165m² • 室内户型：三室两厅、书房 • 居住成员：夫妻、一女

什么? 只要把邻居墙漆成白色, 我家就会变亮!

老房子的采光通风
就从油漆+门窗工程开始

好几十年的老房子要重新翻修, 最重要的就是要提升与改善采光与通风,
但非得用大刀阔斧的泥作工程才能换取吗?
其实, 只要利用最省钱的油漆, 就能大大提升明亮感,
加上开对窗户位置, 就能让老房子焕然一新。

从油漆工程下手, 简单3招就发亮

第1招 | 客厅向内缩, 白色地板接引自然光

很多缺乏光线的问题都是出在位于一楼的老房子上, 争取不到向上的光, 周围也全被建筑物挡住了。例如一楼老房子客厅很宽, 与邻栋之间虽然有90cm宽的距离, 也有窗户, 但是光线却进不了客厅, 于是她将客厅往内缩约90cm, 创造出一个大露台, 露台内铺设刷了白漆的木地板, 白色地板即成为大型反光板, 当光线透过90cm垂直折射到地面时, 就能巧妙地让室内光线提升, 而且只要一点点光即可创造出非常明亮的效果。

第2招 | 邻栋建筑变成白色大反光罩

如同上述所说过的摄影原理, 当屋子只有一面采光, 与邻栋距离又只有108cm时, 可将隔邻墙面刷上白水泥, 而楼下的铁皮屋顶也采用白色防水漆料, 如此即有两面大反光罩能折射阳光, 改善室内阴暗的状况。

第3招 | 老房子窗台上白漆

过去老房子设计不良, 很多窗户外头都会有一小段窗台, 容易造成渗水, 可以把窗台改至屋内, 并用白色水泥、漆料涂抹, 当成室内的小型反光板, 只要光线投射到台面, 即可增加反射光线的机会。

从门窗工程下手，简单5招就有风

第1招 | 依据使用形态利用采光面

想让采光面发挥最有效的利用，首先可计算室内既有的采光面，将最需要光线的空间安排于采光处，例如客厅、书房，对浴室来说光线倒是其次，最重要的是通风问题，而厨房对光线的需求来说较不高，也可移到屋子中段。

第2招 | 狭长老房子铁皮变室内花园

光线较差的老房子大多数是狭长形结构，不但邻栋都盖满了，后面也是防火巷，前方虽然有窗户，但是光线却进不了屋子中段，建议将老房子后面所增建的铁皮屋拆掉一个角落，规划为玻璃采光罩的室内花园，并让两间卧室包围花园，就能同时拥有光线与通风对流。

第3招 | 卧室最好要有自然采光窗

另一种狭长形老房子的处理方式是将其中一间卧室移至最前方的采光面，获得自然通风效果，同时设计出内、外玄关，内玄关增设对流门，让公共场域拥有通风舒适感，而客厅和卧室之间则以玻璃砖隔间墙，使卧室保有隐私，客厅又可享有穿透的自然光。

第4招 | 独栋长型老房子开天窗

如果是独栋狭长形老房子，不妨选择最上层顶棚开设一道天窗，如此一来每个楼层都能感到明亮，并可于天窗旁设计溢风口，让热空气上升，增加室内对流，屋子就会很通风。

第5招 | 门开启的方向要注意对流

狭长形老房子传统都是一条走道两旁是卧室，又没有对外窗的情况下，房间令人感到闷热，因此建议卧室、书房可交错排列，同时房门开启方向考虑空气对流的方向，才能带来通风的效果。

把夹层变高、变大！就像看一场精彩的空间魔术秀。

拯救**狭小夹层**户型

case81

看房第一眼OS

"挑高4m的空间加上夹层如何感觉不压迫？"

"我希望空间最好又能有与众不同的特色。"

Before story

业主夫妇的儿子、女儿皆有设计与建筑背景，希望擅长艺术性的设计师能为家打造出时尚又前卫的设计，最好能突显4m挑高的空间气势。而女主人最重视的就是可以有充足的收纳空间，还有进门即直视厨房的风水问题也很令人担忧。

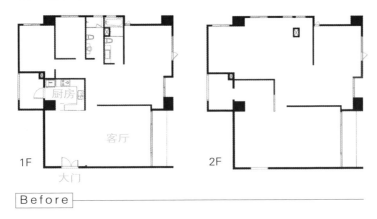

1F

厨房

客厅

大门

2F

Before

改造大重点**夹层**

几何线条+开放性

改造王·
李中霖
云邑室内设计
02-23649633

以夹板为材料，打造空间戏剧感

 户型第一步idea

"以'翱翔'的主题延伸，拼接成为特殊的顶棚造型，空间就像飞起来般的轻盈。"

After story

对于热爱挑战新做法的李中霖设计师来说，如果只是以曲线修饰空间过于普通，他运用毫无修饰的原始夹板以"翱翔"的概念，通过适当比例的拼接角度，横跨客餐厅的顶棚延伸至电视墙，巨大的特殊量体展现出挑高4m的高度。用悬空玄关柜适时地区隔，避免进门直视全室，同时让人对于室内存有期待的想象空间。

1F

2F

After

· 面积：158m² · 室内户型：四室两厅 · 居住成员：夫妻、两女一子

197

把夹层变高、变大！就像看一场精彩的空间魔术秀。

拯救**狭小夹层**户型

case82

⊖ 看房第一眼OS

"第二个孩子即将到来，但目前空间不堪使用。"

"我希望空间户型开放且以儿童房为中心。"

Before story

　　几年前买下这间挑高3.6m、36m²的酒店式套房时，业主夫妇便沿用建筑公司规划好的户型，一家三口使用倒也没什么问题。然而面对即将到来的第二个孩子，原始的房间功能已不符合需求，希望能与孩子之间更好互动为前提，促使夫妻俩决定重新装修。

卧室

楼梯

客厅

厨房

大门

Before

改造大重点**夹层**

环绕动线规划

改造王·
刘冠汉、曹均达
KC design studio
02-25991377

以儿童房为中心的交互式设计

户型第一步idea

"一楼形成能自由走动的环绕动线，从主卧室可就近照顾幼儿，采光、通风变得更好。"

After story

室内仅36m²、挑高3.6m的高度，位于基地中段的夹层空间——游戏房，以三个开洞形成父母与孩子之间的趣味互动，大门进入后与走廊相对的是第一个开洞。第二个开洞在主卧室上端，也就是游戏房的主要动线，利用爬梯可通往上层。第三个开洞设于儿童房，孩子能经由上铺直接进入、离开游戏房，形成一种游乐概念。

1F　大门

2F

After

・面积：36m²・室内户型：二室两厅、游戏房
・居住成员：夫妻、一子一女

把夹层变高、变大！就像看一场精彩的空间魔术秀。

拯救**狭小夹层**户型

case83

⊖ 看房第一眼OS

"大门、楼梯与浴室都集中在进门处，出入动线很卡。"

"开门直对窗口外的风水问题，让我十分头痛！"

Before story

仅46m²的空间，楼梯就在大门边，又窄又陡的结构走起来很不舒服，动线也不是很恰当。加上原本只有简单的流理台，但却规划于夹层区域，使用上非常不便。而且浴室隔间的设立，反而形成室内空间中的一种阻碍。

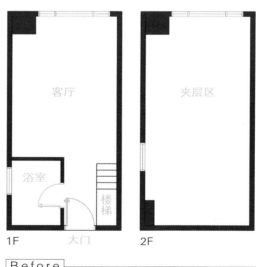

1F　　　大门　　　2F

Before

改造大重点**夹层**

楼梯移位结合收纳功能

改造王·
黄士华、袁筱媛、
孟羿彤·隐巷设计
02-23257670

透明地板维持挑高感，让空间不压迫

 户型第一步idea

"**撤走原始楼梯的位置创造出实用、便利的厨房，将一楼规划为多元且弹性的生活模式。**"

After story

　　将楼梯移往空间末端，同时采用堆栈的方式打造，兼具收纳功能，更利用原始楼梯位置安排"一"字形厨房，倚墙面的做法既不占据动线，使用上也更加方便。浴室隔间改成半开放式设计，让一楼视野更为延伸开阔，夹层更改成透明地板，增加起居区的使用效率，又能保持挑高的开阔性。

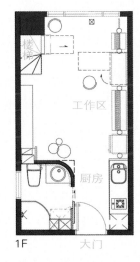

1F　　大门　　2F

After

· 面积：46m² · 室内户型：一室两厅 · 居住成员：夫妻

把夹层变高、变大！就像看一场精彩的空间魔术秀。

拯救**狭小夹层**户型

case84

看房第一眼OS

"仅仅33m²的长型空间，家具一放就满了！"

"浴室规划在窗户前，光线都被挡掉一半了。"

Before story

这是一间单身男子的住所，室内面积只有33m²，但是业主希望能拥有齐全的生活功能，包括偶尔会和朋友们一起聚会，也想要有餐厅、书房等户型，其中原有浴室的墙面，阻隔了大部分的采光来源，使房子显得十分阴暗，墙体转角对于空间的破坏性也很大，同时占据的比例太大，也把房子的空间感给局限住。

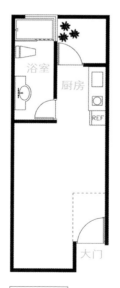

Before

改造大重点**夹层**
客厅变卧榻

HELP 改造王·
谢宇书
芮马室内设计
02-37653556

颠覆沙发摆法，活用地板层次变化

 户型第一步idea

"缩小浴室范围，并将洗手台独立出来与厨房共享，既节省空间又不阻挡采光，家具则以软榻取代沙发。"

A f t e r s t o r y

　　客厅旁的架高地面嵌入床垫，打破了传统卧室的概念，除了沙发的座位区，床铺也仿佛一个放松舒适的大卧榻，另外退让出的架高餐厅亦可容纳多人。利用穿透性玻璃取代原有浴室隔间，墙面打开后，引进了光线、空气，一方面也将厨房挪至与浴室同侧，如此即可省略浴室洗手台，退让出更完整舒适的空间。

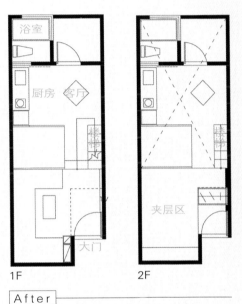

1F　　　　2F

After

· 面积：33m² · 室内户型：二室一厅 · 居住成员：一人

把夹层变高、变大！就像看一场精彩的空间魔术秀。

拯救**狭小夹层**户型

case85

看房第一眼OS

"3.6m高的房子被夹层规划得好满,感觉非常拥挤。"

"餐厅规划在夹层正下方,用餐觉得好压迫啊!"

Before story

在挑高3.6m高的房子的夹层区,原始户型的规划上,几乎是做满顶棚的,感觉很拥挤之外,光线和空气都很差,原始客、餐厅是开放户型,客厅旁的房间以错落夹层方式规划,镂空结构让空间难以利用,也无法舒适地站立,餐厅位于夹层下方,显得有些压迫。

2F

夹层区

1F

餐厅　客厅　卧室

厨房　大门

Before

改造大重点**夹层**

夹层分两侧

改造王·
林政纬、林季雄
大雄设计
02-85020155

挑高客、餐厅，采光与通风变好

 户型第一步idea

"**公共区域整合在空间中段，卧室往两侧放，右侧夹层卧室还能让人站立更换衣物。**"

After story

  取消客厅旁的房间，3.6m挑高空间重新规划为餐厅，换来宽敞、明亮的用餐环境，还能欣赏窗外的辽阔美景。开放式厨房中垂直轴线延伸的长吧台设计，提供了另一个具有用餐、阅读、上网等多功能的场所，并利用一层卫浴间上方安排客房，将衣柜设于楼梯上来的转角壁面，刻意悬空的方式，让业主能舒服地站在衣柜前更换衣物。

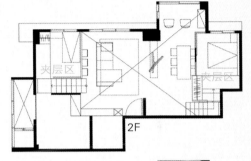

2F

1F

After

· 面积：106m² · 室内户型：三室两厅 · 居住成员：夫妻

把夹层变高、变大！就像看一场精彩的空间魔术秀。

拯救**狭小夹层**户型

case86

看房第一眼OS

"原始户型的楼梯位置，令空间感觉封闭又压迫。"

"厨房与客厅要怎么规划，才不会挡住露台的好风景。"

Before story

这是业主位于市区的第二套房，除了满足自己工作太晚的住宿需求，当亲戚朋友来访或是来到市区，还要作为方便的留宿空间。在小面积中，楼梯是影响空间和动线的关键，如何安排楼梯的位置是一大挑战。浴室空间狭小，容易让人感到封闭和压迫，原始大梁更容易造成压迫感。

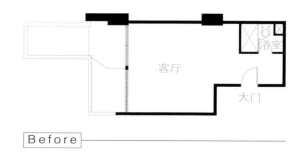

Before

改造大重点**夹层**

将楼梯移位

改造王·
陈泓宇·宇艺设计
0932-001093

楼梯化身窗前的艺术装置

 户型第一步idea

"**将楼梯设在落地窗前，并衔接电视墙延伸而出的大理石台面，构成简洁、利落的线条。**"

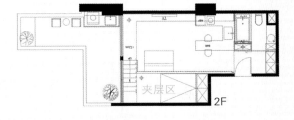

2F 夹层区

客厅　厨房　浴室

大门

1F 楼梯

After story

将楼梯移到落地窗前，不只展现独特风格，客厅与厨房更因此拥有宽敞、完整的户型。将原有的墙面敲出一扇玻璃窗，让浴室的视线可以看到客厅，甚至露台，提升了空间穿透感。设计师利用镜面从墙转折到梁，让空间通过反射向上延伸，梁被镜面包覆之后就像消失了一样，消除原来的压迫感。

After

· 面积：49.5m² · 室内户型：一室一厅 · 居住成员：夫妻

把夹层变高、变大! 就像看一场精彩的空间魔术秀。

拯救**狭小夹层**户型

case87

看房第一眼OS

"空间里的大梁与管线，让23m²空间好有压迫感。"

"有可能规划充裕的收纳空间来放大量的衣服吗?"

efore story

毫无隔间的毛坯屋，户型方正且拥有两面大落地窗，窗外就是阳台与绝佳景观。由于是高层住宅，顶棚照例出现了粗梁与消防管线。要在23m²的有限面积内，规划出夫妻俩招待亲友的客餐厅、平日工作或阅读的书房、休息用的卧室，以及充裕的收纳空间。

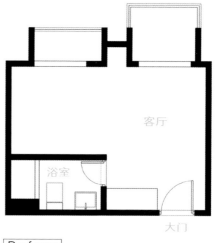

客厅

浴室

大门

Before

改造大重点**夹层**

局部夹层设计

改造王·
宋豪毅·齐禾设计
02-27487701

规划挑高又开阔的生活空间

 户型第一步idea

"只取平面½来规划夹层，打造夫妻两人刚好的生活空间，同时又保有挑高与采光优势。"

After story

挑高3.6m的层高，利用错开楼板高度的做法，让小房子也能有独立更衣间，且运用旋转衣架节省空间。利用两个落地窗当中夹了一个宽度仅45cm的小凹槽，将之规划成收纳柜，可弥补书房兼餐厅的收纳功能。拉大面宽，楼梯除了横梁下方的30cm，踏阶还剩下60cm可行走。可利用梁下不常走动之处，于墙面悬吊化妆柜与装饰小柜。

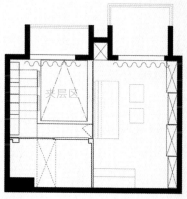

2F

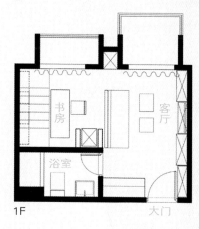

1F

After

· 面积：23m²·室内户型：一室一厅
· 居住成员：夫妻

把夹层变高、变大！就像看一场精彩的空间魔术秀。

拯救**狭小夹层**户型

case88

看房第一眼OS

"在27m²空间里，要工作与起居生活互不干扰。"

"还要有充足的收纳空间，摆放工作文件和衣物。"

Before story

业主为自由职业者，因此希望能在家工作，同时又不影响居住的生活质量。在看过许多房子之后，发现4.3m挑高的空间最符合需求，加上楼板高度适合，因此当第一次看到这个空间有阳台、厨房及卫浴设备，所有条件符合业主所想。但仅27m²大的空间里，要规划工作室及居住功能，面积实在不足。

2F

厨房　楼梯　浴室

阳台

1F　大门

Before

改造大重点**夹层**
重置楼梯动线

改造王·
王豪骏·长拓设计
02-22347552

创造两倍大的生活功能

 户型第一步idea

"将原本钢架夹层楼梯移位，并将进出厨房动线左右颠倒，保有夹层下方∏形墙面的完整性。"

After story

更改楼梯动线，将原本位于后方的楼梯，改至门口转折的畸零墙面，并以三角板转角设计，不但可以缩小楼梯占地面积，同时也可沿着墙面做出阶梯式收纳柜体，让梯间下方空间也可以拿来做收纳。餐桌位移厨房门口，从墙的右方移至左边，并以铝框玻璃做推拉门设计，以便连同阳台将阳光大量引进。同时也可保存墙面的完整性，以便改为工作室。

2F

1F

After

· 面积：54m² · 室内户型：一室两厅
· 居住成员：两人

211

把夹层变高、变大！就像看一场精彩的空间魔术秀。

拯救**狭小夹层**户型

case89

看房第一眼OS

"83m²如何规划三室两厅、独立书房，以及储藏室。"

"最重要是必须为偶尔来访的长辈留一间孝亲房。"

B e f o r e   s t o r y

挑高4m多的室内，约83m²的三室两厅规划，对一家四口的成员而言是充裕的。但因为业主是一个在家工作的程序工程师，夫妻俩又希望能预留孝亲房让每个周末来访的长辈留宿，同时也要一个独立的储藏室，因为可以妥善收纳电器、杂物，并保持室内空间的整洁。

Before

改造大重点**夹层**

Y形楼梯串联互动生活

改造王·
翁振民
幸福生活研究院
02-23936013

左右夹层规划高度，建立幸福户型

 户型第一步idea

"运用楼高的优势，保留出客、餐厅的高度，其余用于二楼功能设置。"

After story

运用室内4.15m的高度优势，一楼除公共空间之外，规划包含老人房、主卧室及主卧更衣间，并以独特的Y形楼梯增设二楼空间，规划游戏区、书房、儿童房，让白天在书房工作的爸爸，能就近照料在游戏区、客厅玩耍的孩子，忙于下厨的妈妈，一抬头就能呼唤在游戏区、儿童房的孩子，产生亲密的维系关系。

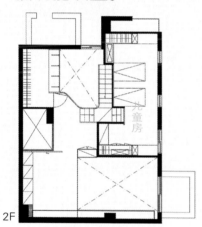

2F

1F

After

· 面积：83m²· 室内户型：三室两厅、书房
· 居住成员：夫妻、两女

213

把夹层变高、变大！就像看一场精彩的空间魔术秀。

拯救**狭小夹层**户型

case90

看房第一眼OS

"挑高3.6m的空间，应该可以有二室两厅吧！"

"二室包括我与先生可以共同使用的工作室。"

Before story

高度3.6m的夹层户型，客厅与厨房各有一面采光窗，希望可以营造主题为"雪白的世界"的居住空间。厨房、餐厅、主卧室与两处完整工作区的需求，以及夹层的设计与空间规划，成为对设计师的挑战。

2F

卧室

浴室

客厅

1F 大门

Before

改造大重点**夹层**
直立楼梯省空间

HELP 改造王·
游雅清
游雅清空间设计
02-27649779

视停留时间设夹层高度

户型第一步idea

"为必要且时常停留的空间设计舒适的高度。"

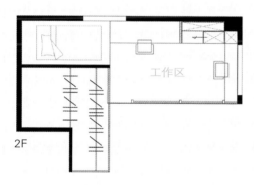

2F

1F

After

· 面积：66m² · 室内户型：两室两厅、工作室 · 居住成员：夫妻

After story

　　"雪白的世界"是女主人与设计师赋予这个空间的主题。用一楼顶棚和二楼地面的不同高低变化，让必要或时常停留的空间顶棚高度变得舒适。一楼留给公共空间、卫浴间与主卧室，夹层是夫妻二人可以同时且长时间工作的完整区域，并且可以收纳衣物，双层书架多出一方卧榻当作客房使用。

噪声来自上下左右，不只是墙要隔音而已喔!

从顶棚、地板到窗户的
隔音关键工法!

老屋最常令人困扰的就是噪声问题，
不只是车声，就连邻居吵架的声音都躲不掉，
但你知道吗? 隔音不只是在墙面内塞隔音棉就能了事，
包括顶棚、地板和窗户，都可能是噪声渗进你家的来源。

顶棚隔音法

顶楼老屋的顶棚需隔音

顶楼房子由于暴露在户外，加上楼板薄，很容易有噪声的问题产生，因此装修时需将顶棚纳入隔声重点，千万不可使用毫无吸振能力的夹板，要选用石膏板或硅酸钙板，并且在下顶棚角料后，硅酸钙板之前再加装吸音材料，例如吸音绵、矿绒板、遮音片等等，绝对不能为了省钱而用泡沫塑料、海绵。

管道间噪声通过浴室顶棚

老房子楼上、楼下的管道间也是低频噪声的来源之一，大多数浴室顶棚整个都是开放的，除了必要的管线衔接处之外，其余空间最好藏起来，加上负压式抽风设备与逆止阀装置，就能把空气抽出去，也达到降低噪声的效果。

地板隔音法

薄楼板请强化地板厚度

楼板薄的老房子，通常选用石英砖加上地面水泥砂结构，可创造7~8cm高度，借由增加的厚度即可减少共振能力，或是搭配使用吸音板材，在环保地材里面也含有吸音垫，同样有隔音的作用。

架高地板支架加装吸振材料

规划架高地板时也要注意，当人在地板行走踩到支撑点的话，会产生打鼓般的声响，进而传导至楼板，提醒支架底下还要再增加一层吸振材料，例如橡胶就能降低踩踏支架的声响。

窗的隔音法

大马路老屋选择8 cm玻璃、吸振斗框

老房子结构墙厚度约25cm，即使是钢筋混凝土结构也只有15、16cm，因此噪声多半是来自门窗，而非结构墙。如果是位于闹区、大马路旁的老屋装修，建议门窗选用新式气密窗，搭配8~10mm的玻璃厚度（标准玻璃厚度是5mm），同时挑选具吸振功能的斗框，以及有气密条、门缝条设计的铝窗结构，才能彻底隔绝屋外噪振。

室内加入软材料吸音

硬的材料在空间容易产生共振，如果要达到吸音作用，建议可搭配局部地毯、布质沙发、双层窗帘等布艺装饰，因为布料和纱在振动中具有吸音效果。

注意铝窗施工是否到位

不仅要选择厚玻璃、质量较佳的气密窗款式，铝窗施工方式也是影响隔音成效的关键重点，所以施工时要注意铝门窗固定于墙壁结构之间是否稳固、填实，直料、横料是否达到垂直与水平度。

外推凸窗最难隔音

坐落在闹区的房子，如果不是原始建筑即存在的水泥凸窗结构，而是后续施工自行外推设计的凸窗，所使用的材料大多是铝板，然而铝板结构是完全没有隔音效果的，上下左右都能传导声音，反而无法减弱噪声。

隔间隔音法

柜子靠墙减少邻屋噪声

因隔间墙太薄经常听到邻屋声音的房子，建议可将橱柜或储藏室规划于墙面，通过墙体的阻隔削弱声音。

预制砖隔间抗震又环保

隔间装修多半使用砖墙或是石膏板、硅酸钙板，但是砖墙面积庞大、不抗震、污染、重量大、施工耗时，一般99㎡房子要8~10天才能完工，如果遇到楼板很薄的老屋，结构也无法支撑，若改用石膏板、硅酸钙板则又会传导声音。

建议隔间墙可选用预制砖（又称陶粒砖），尺寸有6~12cm选择，重量只有砖墙的三分之一，结构性却大于砖墙，组装方式简单又快速，如堆积木般，利用槽榫固定，所以日后还能回收再利用，不过要提醒的是，最好选用8cm以上的尺寸，同时注意隔间要隔到顶棚，才可获得完美的隔音效果。

真没想到狭长老房子也能重获明亮春天，像做梦一样！

拯救**狭长形住宅**户型

case91

看房第一眼OS

"狭长的36m²空间，必须放弃餐厅才能换来宽敞感？"

"哪怕会很小，我还是想要有可以用餐的地方。"

Before story

　　业主单身一人，不需要太大空间，36m²房子虽然是开放式，但一进门就看到底，感觉比36m²还小，封平的顶棚更显得压迫，隔出一间卧室、客厅摆上业主旧家沿用的沙发和茶几后就满了，加上单调的小厨房让人完全不想走进去，整个空间空白到没有生活温度。

厨房

大门

Before

改造大重点**狭长屋**
转角大利用

HELP

改造王·
李宜蔓、许博敏
丁薇芬设计工作室
0976-379005

是走道也是餐厅的妙用

户型第一步idea

"**利用客厅、厨房和玄关的过渡区域规划半圆形餐桌，就让家多了用餐空间，真是太棒了。**"

After story

虽然原本业主考虑面积，愿意舍弃餐厅空间，设计师还是利用客厅与厨房之间的角落，创造出一张三角半圆餐桌，看似小巧，弧度却够两人用餐，可摆三菜一汤，餐桌下方刚好利用三角畸零地带增加收纳柜，餐桌成了可爱的用餐角落，圆弧设计也贴心地避免了碰撞。

卧室

客厅

厨房

餐厅

大门

After

· 面积：36m² · 室内户型：一室一厅
· 居住成员：一人

真没想到狭长老房子也能重获明亮春天，像做梦一样！

拯救**狭长形住宅**户型

case92

看房第一眼OS

"20m长的老房子，把主卧室规划在中间，刚好把空间打断。"

"厨房又远又小，让人一点也不想下厨"

Before story

　　传统长条形屋的问题就是光线仅来自前、后两端，尤其20m长的原始户型，将主卧室规划在昏暗的中央，客厅与厨房、餐厅在两端，导致形成冗长迂回的廊道问题，光线与空间感也被阻断，前窄后宽的户型令客厅不够开阔、宽敞。

Before

改造大重点**狭长屋**

餐厨前移

改造王·
陈文超
觅得设计家具
02-29307660

餐厨与卧室换位，与客厅互融开放

 户型第一步idea

"**开放的中岛厨房台面与客厅连成宽敞明亮的公共空间，一点也没有原来的狭长感。**"

After story

将原本分隔前后的客厅及餐厅、厨房全部移至前面，采用开放式设计，仅以家具做视觉上的界定，并采用大尺寸开窗方式，让自然光源可以从前面的玄关、客厅一直延伸至中间区域的厨房及餐厅。主卧室移至原本后方的餐厨区，并结合后阳台拉大空间，将主卧室门口与洗手间墙面拉齐，减少不必要的廊道空间。

After

• 面积：99m² • 室内户型：两室两厅 • 居住成员：夫妻、两子

真没想到狭长老房子也能重获明亮春天，像做梦一样!

拯救**狭长形住宅**户型

case93

看房第一眼OS

"这个被隔成三间套房的户型，非得重新规划才行了。"

"53m²要隔成两室一厅、书房和干湿分离的浴室，行吗?"

Before story

　　此空间户型偏长，两道隔间墙区分成三等分，造成空间各自独立，浴室采横向结构阻断空间感，动线也过于分散，后来经过转手买卖，变成隔出三间小套房的户型，当业主夫妇买下之后，希望53m²住宅有独立的客厅、厨房、餐厅、主卧室外，还能有干湿分离的浴室、书房、临时的客房、未来10年内小孩的房间等，势必得重新全面考虑布局。

Before

改造大重点**狭长屋**
拉出主轴

改造王·
郭柏伸
奇逸空间设计
02-27528522

纵向轴线安排，开放餐厨与客厅

 户型第一步idea

"**利用长型屋的特色拉出一道轴线，依序安排餐厨、客厅、卧室面窗景，无形中借景让空间更开阔。**"

After story

　　设计师首先拉出空间的纵向轴线，将主卧室、客餐厅和厨房聚集在同一轴线上，让这些空间面临窗边，引入开阔的视觉感受。另一侧则包含了书房、浴室功能，特别是浴室同样采用横向结构，如此方能创造出干湿分离的功能，甚至规划出浴缸，而浴室与大门之间的区块则正好构成一个完整且独立的玄关，妥善发挥、充分利用这仅仅53㎡的每一寸空间。

After

· 面积：53㎡ · 室内户型：两室两厅
· 居住成员：夫妻

223

真没想到狭长老房子也能重获明亮春天，像做梦一样！

拯救**狭长形住宅**户型

case94

⊖ 看房第一眼OS

"这户狭长屋采光、通风皆不良，楼梯又陡又窄。"

"但窗外景致好美，我真舍不得放弃啊！"

Before story

　　这栋房子为狭长形结构，仅有前后采光，从客厅窗外看出去即使有山景，可是窗户比例小，无法彰显户外环境优势，也因此导致房子阴暗、闷不通风。另外，客厅、餐厅呈高低错落，楼梯陡又窄，客厅层高竟达4.2m，真是非常棘手的户型。

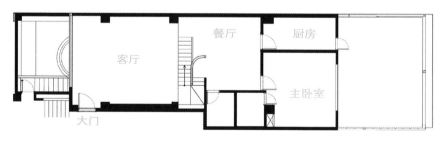

Before

改造大重点**狭长屋**
扩窗引光

HELP 改造王·
柯竹书
大湖森林室内设计
02-26332700

增设楼梯打造空中图书馆

 户型第一步idea

"**开设落地窗让景致进来,加上客厅建构楼梯变成书墙,一点也不浪费挑高空间的优势。**"

After story

　　设计师拆除客厅前方阳台的混凝土实墙改为大面积落地窗设计,让视角扩大延伸至远方山景,一并揽进充沛光线、空气对流也变好了,接着沿着客厅挑高主墙施作大面书柜,利用柚木集层材、工字钢、清玻璃结构搭建出楼梯,以及高度达170cm的走道平台,小朋友还能在走道上画画、玩耍,成为孩子们嬉戏玩闹的图书馆。

After

· 面积:264m² · 室内户型:三室两厅、工作室 · 居住成员:夫妻、两女

真没想到狭长老房子也能重获明亮春天，像做梦一样！

拯救**狭长形住宅**户型

case95

○ 看房第一眼OS

"老家户型是传统老街屋，实在是又旧又阴暗。"

"隔音差、户型和收纳空间都不适合年轻一辈的需求。"

Before story

这座仅前后采光的59m²狭长形街屋，位于传统市场巷弄内的40年老公寓内，漏水严重，典型无自然采光，木板隔间令市场的嘈杂声不绝于耳，受限于两室的户型也让空间变得狭小、压迫，加上业主的职业是平面设计师，更希望有足够的收纳空间，并且有可以陈列设计作品的可能。

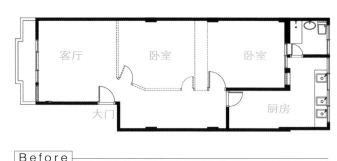

客厅　卧室　卧室　大门　厨房

Before

改造大重点**狭长屋**

分成前台与后台

改造王·
包涵宥
二水建筑空间设计
02-23671521

舞台概念让公私区域功能更清楚

 户型第一步idea

After story

"把阳台内缩之后，空间光线更明亮了，一道大拉门也灵活的让空间分出公私区域。"

设计师提出"剧场式的生活容器"概念，首先将阳台内缩，隔绝市场的味道与声音，前台包括阳台、客厅兼工作间、餐厅、开放厨房等"序列式"公共空间。后台是卧室、更衣间、浴室等L形私密空间。此外，以一道推拉门决定整体空间与动线的全然开放或隐蔽，让廊道（客厅、餐厅）成为展示生活品位的艺廊。

客厅　　　餐厅　　　厨房

REF

主卧室

大门

After

· 面积：59m² · 室内户型：一室两厅 · 居住成员：一人

真没想到狭长老房子也能重获明亮春天,像做梦一样!

拯救**狭长形住宅**户型

case96

🚫 看房第一眼OS

"大门与客厅位于长型屋的中央,是最没采光的地方。"

"不常使用餐厅,所以可以并入厨房里考虑。"

Before story

此户长型屋因为客厅位置迁就大门入口的关系,势必得配置在房子中央的无采光处,如何让光线进入客厅首先要解决户型改善的问题,此外,业主夫妻没有使用餐厅的习惯,平常很简便,就在客厅边看电视边用餐,如何将餐厨有效利用、节省空间,是第二个需解决的问题。

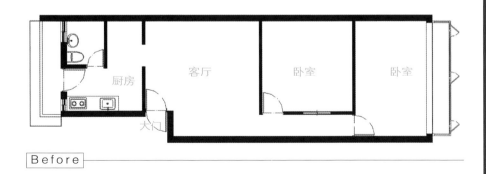

厨房　客厅　卧室　卧室　大门

Before

改造大重点**狭长屋**

玻璃门引光

HELP

改造王·
王文凯·皓棋设计
02-29620528

厨房不挡光，显现客厅开阔感

户型第一步idea

"**客厅虽然在中央，但厨房、后阳台都以玻璃隔间引光，解决客厅昏暗问题。**"

After story

　　设计师提出用双通道玻璃拉门向厨房空间借光，将光线引入客厅的计划，巧妙将鞋柜与橱柜整合成一个量体，成为一个引导动线的枢纽玄关，同时身兼厨房区的餐厅主墙，如此一来，这块置中的量体区隔出两条通道，可以大量引进光线。而为了更突显客厅的开阔，将餐厨空间整合在一起，可以有效利用原先浪费的厨房走道空间。

After

・面积：73m² ・室内户型：两室两厅 ・居住成员：夫妻

真没想到狭长老房子也能重获明亮春天，像做梦一样！

拯救**狭长形住宅**户型

case97

看房第一眼OS

"明明拥有面向河的景观，但受限于狭长的户型而看不到。"

"拥有边间的优势，却仍然白天要开灯，实在不明白。"

Before story

此户位于淡水河畔的边间老房子，采光却只能来自前后，因为中段的客厅被隔间墙阻挡，白天几乎也是阴暗状态。唯一面对淡水河的房间只有半截采光窗，造成室外光线无法充分进入室内，形成在屋内也无法观赏到外面风景的尴尬状况，加上老房子缺乏完善的收纳规划，造成空间中杂物堆积，凌乱感让人在家也无法放松心情。

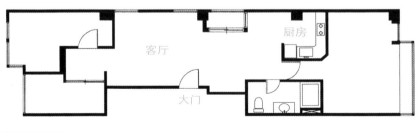

Before

HELP
改造王·
李文心·传十设计
02-28881502

开放空间不设柜，让光线贯通

户型第一步idea

"**长型屋内没有任何柜体阻挡光线，就连浴室也变成透明的，整个房子都明亮清爽起来。**"

After story

设计师拆除隔间让厨房、餐厅、客厅完全开放，面向河的房间则改为观景区，不仅光线被引进来，架高卧榻更创造了一个绝佳的观景角落。浴室移到中央改为透明玻璃屋，借此将前后空间的视野打通，光线也能充满全室。室内不采用任何的实体隔间的概念，让收纳柜一律沿着墙面摆放，让每一面墙都像图书馆一样，让业主随处可阅读。

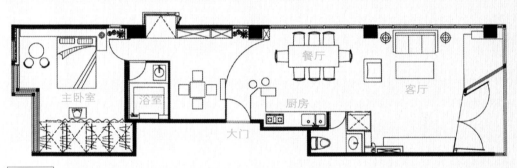

主卧室　浴室　大门　餐厅　厨房　客厅

After

· 面积：82.5m² · 室内户型：一室两厅 · 居住成员：夫妻

231

真没想到狭长老房子也能重获明亮春天，像做梦一样！

拯救**狭长形住宅**户型

case98

看房第一眼OS

"有四室的户型，但都摆张床就满了，要怎么住啊！"

"冗长的走道应该怎样规划才不浪费。"

Before story

此户为新房而非老房，却有着比老街屋还要狭长的户型，不但餐厅位于走道与房间门的中央，影响厨房和进出卧室的动线，建筑开发商还为了增加房间数而隔出四室，导致每一间房都只放得下单人床，更无法增加收纳空间，超级狭长的户型形成空间冗长的走道，浪费中段空间的使用功能十分可惜。

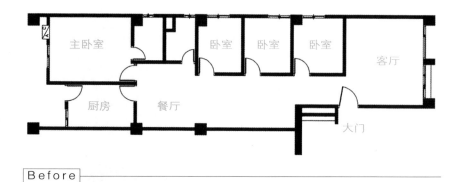

Before

改造大重点**狭长屋**
走道变书房

改造王·
吴承宪·太河设计
0932-908312
0989-001138

四室改三室，过渡空间变成阅读区

 户型第一步idea

"**原来只要把中段空间规划成阅读区，就能让狭长感消失，空间更好用了。**"

After story

　　设计师化解冗长的走道的办法就是将走道规划为开放式的书房，搭配层板书柜增加功能，满足两个小孩同时阅读的需要，餐桌移到厨房外，改为靠墙摆放，则不会再影响进出卧室的动线，最后将四室空间改为三室的规划，不仅更符合业主一家四口的需求，也让房间变得更为舒适、宽敞。

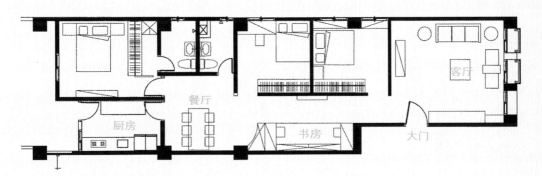

客厅

餐厅

厨房

书房

大门

| After |

· 面积：109m² · 室内户型：三室两厅 · 居住成员：夫妻、两子

真没想到狭长老房子也能重获明亮春天, 像做梦一样!

拯救**狭长形住宅**户型

case99

看房第一眼OS

"这个房子太狭长了, 又只有一面采光。"

"我不要房子里出现 阴暗的走道啊！"

Before story

此户老房已有15年, 虽然原本的屋况不错, 没有漏水或墙皮剥落的问题, 因仅前方有阳台采光, 所以整个空间光线不足, 容易有阴暗死角产生, 而且面积才56m², 却要满足业主期待的两室一厅兼一个小吧台可以简单料理的梦想。

大门

Before

改造大重点**狭长屋**
让走道消失

HELP

改造王·
王思文、汪忠锭
摩登雅舍室内装修设计
02-22347886

电视墙前移，波浪地板消除走道感

户型第一步idea

"**波浪线条的架高地板巧妙地把书房藏于电视墙后方，将担心的走道问题完全化解。**"

After story

设计师保留唯一采光的阳台，利用玻璃格子门作为主卧室与客厅的隔间，将光线大量引进空间里，开放式书房规划于电视主墙后，以波浪线条的架高地板区分书房与客厅，同时波浪线条也破解了原来房子过于狭长的动线，就像走道消失了一样。

| After

• 面积：56m² • 室内户型：两室一厅 • 居住成员：夫妻

只要把餐桌加长一点点就能让走道消失

提升空间的舒适度就这么简单

一个舒适放松的空间设计，主要来自于配合不同家庭成员的作息、互动模式和关系，
配置适宜的公私区域比例，材质并非要温暖的木头才能放松，
在比例运用下，运用镜面、铁件更能衬托木纹的暖调特性。

什么样的材质搭配才能让人感到放松？

对比反差更能感受暖度→有比较才突显

　　一般认知镜射材质，如玻璃、铁件、镜面感觉冷冽、华丽，较难以触碰，其实通过适当比例运用，当温暖的木头肌理与玻璃、镜面结合产生对比反差，要能突显木头的暖度，如全然地使用木头，且大量成为立面结构，反倒会带来压迫感。若喜欢木纹花色，却无法接受纹理触感，也可利用玻璃作为表面介质，同时在木头、玻璃之间加入灯光，带出现代又温暖的空间氛围。

什么样的空间会让人感到舒服？

互动性、成员、习惯构成动线旅程→检视生活习惯

　　空间尺度的舒适性来自于很多因素，应通过了解使用者人数、使用者关系、彼此的生活作息、互动方式等，来设定属于业主的户型基调。

　　举例来说，年轻夫妻下班回家后喜欢一起待在客厅看电视、吃饭、聊天，卧室是单纯的休憩功能，对他们而言，公共区域的比例势必要大一点。但是对三代同堂的结构来说，晚餐过后，夫妻俩回到卧室，享受两人的独处时光，卧室功能不单单只是睡觉，还会包括书房、起居等需求，这时候卧室的空间就得预留大一些。

空间线条的整合→注重延续性

　　影响房子高度的关键往往来自空间线条，在开放厅区的结构下，虽统一的地面材质，顶棚却刻意以造型划分，无形当中会造成视觉的中断，空间反而感到凌乱，另外像是立面线条的整合也很重要，当空间的垂直、水平向度具延续性，自然会让人有放大、宽敞的舒适感。

Q3:
如何借由灯光表现空间的温暖柔和?

灯光层次→点线面配置

灯光是空间组成非常重要的一部分，光线的层次来自于三个要件，即色温、发光的方式、配置的区域。简单来说，根据投射对象、活动行为决定配置的方式，灯光和空间一样具备点线面概念，公共区域最重要的主墙，如非重度阅读需求，利用点状光源，光线会产生两种效果，反射人影及其他空间，再搭配一盏立灯或台灯，提高一些亮度。如希望加强顶棚的延续性，串连开放空间，便可以利用带状晕光勾勒，强化空间的线条感。假如决定一个墙面要挂画，可借由卤素投射灯光，并配合画作的宽幅尺度做10°角、30°角或60°角的改变。

天地对应关系→避免压迫感

很多人都忽略顶棚的灯光安排，假如将空间反过来看，顶棚就是地面，过多的嵌灯配置，其实会造成视觉感官的压迫和不适，同时也必须思考活动行为，尤其是餐桌顶部灯光，更要避免投射至脸部、头部和手部。

Q4:
舒适的公共空间家具应该怎么配?

大比例餐桌→走道消失的秘诀

家具量体对比空间来说，通常是比较矮的，高度不会超过空间的一半，将家具视为空间的一部分，只要比例运用得好，能够达到延伸、放大的效果。客厅餐厅之间经常存在着走道，只要配上一张大比例餐桌，采用延续至走道的做法，走道就能巧妙地被囊括为餐厅。

多元组合的321概念→大人、小孩同乐

台湾人的情感连接强烈，过去多以321成套沙发组成，但是真正朋友、家人到访的时间不多，成套沙发反而沦为堆放杂物，以及显得占据空间，将321的观念予以保留，如为小家庭结构，主沙发搭配两张单椅，加上两人座长沙发，可躺可坐，配上两张凳子，凳子能组合成一张茶几，平常也能轻松地看电视垫脚使用，根据成员的增减作组合运用。假设为三代同堂形态，主沙发建议维持长向三人座，旁边再搭配单椅、椅凳，空间感更为宽敞，椅凳也非常适合喜欢到处玩耍的小朋友使用。

一个人住也要宠爱自己多一些!

拯救**超闷单身**户型

case100

🚫 看房第一眼OS

"客厅、餐厅很宽敞,但客浴位置既小又卡在中间很碍眼。"

"开放式厨房与餐桌该怎么规划才不显得挤?"

Before story

此户原有的户型十分方正、宽敞,公共空间除了客厅之外,业主还希望能纳入书房的功能。开放的餐厨设计也能在原户型中得到很好地发挥。唯一美中不足的是客浴面积相当小,位置又卡在客厅与餐厅中间,形成无用的缺角空间,相当浪费。

主卧室

客浴

客厅

厨房

大门

Before

改造王·
王俊宏
王俊宏室内装修设计
021-52410188(上海)

客浴台盆独立于外, 提升生活方便性

👍 户型第一步idea

"**将原来狭小客浴内的台盆解放出来, 反而成为客厅、餐厅里的装置艺术, 客浴空间也舒服多了。**"

After story

利用原有户型来自两边的好采光, 将客厅、餐厅、书房、厨房及客浴台盆区皆采用开放设计, 让自然光源与空间感能无阻碍地互相穿透, 营造出明亮自在的开阔气势。尤其是独立于客浴外的洗手台, 不但补足了原来缺角的动线, 洗手台上方的圆镜附有有LED灯光效果的时钟, 除了提供报时功能外, 也是入夜时分最便利的照明。

主卧室

书房

客浴

餐厅

厨房

客厅

大门

After

· 面积: 99m² · 室内户型: 两室两厅 · 居住成员: 一人

239

一个人住也要宠爱自己多一些!

拯救**超闷单身**户型

case101

🚫 看房第一眼OS

"这房子阳台和浴室都在中间,厨房和餐厅怎么摆都不对。"

"很想要餐厅,但又希望不要太传统、太居家的样子。"

Before story

这是一间拥有河岸美景且位于交通热门地段的商住两用房子,单身的业主希望这个66㎡空间能满足当下生活所需的质感,又能为将来出售、出租增值。所以公共空间的规划需要满足商住合一的使用功能,卧室则可以提供居住或是作为办公室使用的弹性空间。

客厅　　厨房　　卧室

大门

Before

改造大重点**一人住**
温馨咖啡店概念

改造王·
陈焱腾
a space design
02-27977597

开放厨房增添明亮，商住通用好转手

 户型第一步idea

"**把占空间的大餐桌变成咖啡桌尺寸，搭配开放式厨房，在家就像在咖啡店般温馨。**"

After story

将靠近阳台入口的地方规划为开放式的厨房，令整个家变得明亮、开朗，各个角落都能看到阳光，厨房旁咖啡桌兼餐桌的尺寸安排，日后若改为商用空间，餐厅区就是接待、商讨的软性空间。卧室一半是寝区，一半是起居区，日后若转手，起居区可变更为主管室的会议区，若作为住宅使用，也能改变为更衣室、亲子空间等，弹性极大。

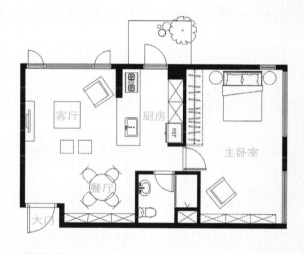

After

·面积：66m² ·室内户型：一室两厅 ·居住成员：一人

一个人住也要宠爱自己多一些!

拯救**超闷单身**户型

case102

看房第一眼OS

"这个老旧房子仅有小窗采光, 让人感受不到户外的优点。"

"太多隔间与三室户型, 对于一人住而言太复杂了。"

Before story

业主当初买下这里, 主要是喜欢它闹中取静, 周边还有奢侈的山景环抱, 不过老旧斑驳的超龄屋况让业主心里真是七上八下, 潮湿、严重的白蚁问题令现场险象环生, 过多的隔间与目前一人住的需求不符, 屋子依赖前后段采光, 窄小的开窗更让问题雪上加霜。

Before

改造大重点一人住
开窗阳光屋

改造王·
王镇
集集国际设计
02-87800968

开放生活户型，引光穿梭内外

户型第一步idea

"**拓宽原有的小窗户，重新将光线、景致引入室内，现在待在家就可以享受日光浴了。**"

After story

为了符合业主单身居住的实际需求，设计师首先将原来屋中所有不当隔间与过时装修拆除，恢复健康的空间体质，再以开放式生活场域，让充满活力的主墙客厅被连续的明亮窗景包围，沙发后方阳台以阳光屋的形式纳入室内，舒适的卧榻设计让户外的美景仿佛触手可及，整体看来明亮又宽敞。

主卧室　阳光屋　餐厅　客厅　厨房　大门

After

• 面积：132m² • 室内户型：两室两厅 • 居住成员：一人

一个人住也要宠爱自己多一些!

拯救**超闷单身**户型

case103

➖ 看房第一眼OS

"我以为99m²很大了，没想到空间还是感觉好小。"

"尤其是浴室卡在两室中间，根本没办法让我泡澡。"

B e f o r e s t o r y

　　业主收房后发现这个房子远比想象中小很多，原始的浴室充其量只是标准配备而已，空间不大又因为夹在房子中间，没有户外景色可看，就算原地拓宽也不能满足业主对泡澡的期待。此外，没有玄关区分内外空间，不但收纳不方便，鞋子可能必须散落一地，对单身居住者来说也会比较没有安全感。

卧室　卧室　客厅　厨房　大门

B e f o r e

改造大重点**一人住**

客房变浴室

改造王·
丁薇芬
丁薇芬设计工作室
0960-728560

垫高地面打造独享浴室

👍 户型第一步idea

"我最喜欢的泡澡风情,一边泡一边赏景,原来也可以复制到家中。"

浴室　卧室　客厅　厨房　大门

After

・面积:99m²・室内户型:一室两厅・居住成员:一人

After story

业主本身就是泡澡达人,所以新家一定要有可以看见窗外的泡澡设备,设计师在不改动浴室位置的情况下合并客房改成泡澡区,以抿石子垫高地面,一方面让浴池排水正常,一方面有窗外的景色可看,通过玻璃窗还能看见客厅电视。另外,在空间中央设置亲手设计的灯墙隔屏,再将大门左、右两侧的柜体增加侧板,就形成完整的玄关,无形中增加了居室的安全感。

一个人住也要宠爱自己多一些!

拯救**超闷单身**户型

case104

⊖ 看房第一眼OS

"建筑开发商规划的厨房都一样，总是被规划在角落。"

"虽然我少下厨，但我还想要个可以当工作桌的大吧台。"

Before story

原始三室两厅的新房，由于业主是一个人住，对于餐厅的需求性并不高，但因为从事教育工作的关系，反倒希望能有一个兼具工作区与用餐的吧台，原有的厨房又封闭又小，只有"一"字形台面需面壁使用，完全不适合喜欢与朋友互动的业主。

Before

改造大重点**一人住**
家中工作室

HELP 改造王·
谢维超
云墨空间设计
02-26209190

台面大转弯，变出工作桌与餐桌

 户型第一步idea

"**把厨房从封闭变成开放，不但可以在台面上工作，还能一边下厨一边和朋友聊天。**"

After story

　　设计师将原本独立在角落的厨房向外开放，冰箱设备位置同样转向移出。"虽然业主不常做菜，但拿取饮料、水果的频率反而很高，所以我特别把水槽的位置改为面对客厅，朋友来玩的时候也不会中断聊天。"设计师补充说道。另一方面，舍弃餐桌改采L形大吧台，供用餐、工作用，刻意斜切的角度让目光自然顺着线条游走，使空间看起来更大。

厨房 主卧室

工作桌

客厅

大门

`After`

· 面积：99m² · 室内户型：两室两厅 · 居住成员：一人

247

一个人住也要宠爱自己多一些！

拯救**超闷单身**户型

case105

看房第一眼OS

"虽然有独立厨房，但还是希望能挤出地方摆吧台。"

"一个人也用不到四间房，可以挪一间作弹性空间。"

Before story

业主长时间都在世界各地出差，一、两个月才会回到家中住上几天，原始户型每间房间平均不到7m²，浴室更是狭小拥挤，对住惯精致酒店的业主来说格外不习惯，尤其他喜欢搜集各国不同的酒，更希望在有限的户型里再增设一个能和朋友小酌与展示酒瓶的角落。

Before

改造大重点**一人住**

男人居酒屋

HELP

改造王·
张荣丰
时位空间设计
04-35031318

蓝色灯光吧台与和室，最佳放松角落

👍 户型第一步idea

"**在吧台倒杯酒之后，和好友们移步到一旁的卧榻上聊天，大家都喜欢我家舒服、随性的气氛。**"

After story

业主希望回国度假时，在家里小酌时能有不一样气氛，于是设计师利用入口的转角墙设计L形小吧台，展示柜下方埋藏蓝色间接灯光，让业主一个人长途旅行后回到这里喝杯小酒，分外自在。一旁拆除隔间墙内缩的房间则摇身变成榻榻米和室，当业主和三五好友聊天谈心时，这里又像是男人间的居酒屋，架高的和室地板下方更添加有实用性的收纳空间。

After

· 面积: 115.5m² · 室内户型: 四室两厅 · 居住成员: 一人

一个人住也,要宠爱自己多一些!

拯救**超闷单身**户型

case106

看房第一眼OS

"我一个人用的客厅太大了,我宁愿多隔一间专属书房。"

"主卧室与浴室形成很多直角,感觉很浪费空间。"

Before story

业主买的是新房,希望能在低限度的变动、合理的预算之下完成装修,另外又希望很有设计感。此户原有客厅比例较大,最好能增加书房功能,加上主卧室与浴室为迂回的直角动线,造成空间的浪费,86㎡必须安排三室两厅的前提下,比例的处理更要避免压迫。

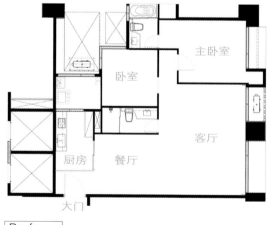

Before

改造大重点**一人住**

温馨个人书房

改造王·
江欣宜·缤纷设计
02-87875398

新古典手法，打造小巴黎风情

 户型第一步idea

"**将客厅一半分给书房
却不觉得客厅变小，都
是因为电视墙两侧玻璃
窗延伸了视线。**"

After story

　　设计师为了营造新古典氛围及兼顾
业主需要的户型，以电视墙为隔间划分
出书房，电视墙两侧对称的玻璃窗可望
进书房，让空间有延伸的效果，书房的
书柜犹如嵌入壁面的画框，加上定制卧
榻的搭配，也释放出更宽敞的空间感。
此外，将主卧室门移位，既可扩大主卧
室空间，卫浴入口亦可与墙面呈水平一
致，空间获得完整的利用性。

After

· 面积：86m² · 室内户型：三室两厅 · 居住成员：一人

一个人住也要宠爱自己多一些!

拯救**超闷单身**户型

case107

看房第一眼OS

"手枪形户型让客厅变得好窄，还要兼餐厅使用，可能吗？"

"两个小房间也无法容纳一家人睡。"

Before story

此屋犹如一把手枪的平面，厕所刚好在扳机位置，受限于管道间因素，户型没有改善的机会，再加上采光、通风只留在房间与厨房，令客厅成为暗房，尤其客厅净宽只有2.45m，进门又直接对到厨房的窗户，令人感觉不舒服。特别的是这是家族回台湾的临时住房，居住人数从1人到多人，"弹性"成为此户设计的一大重点。

Before

改造大重点**一人住**

客厅就是餐厅

HELP

改造王·
翁振民
幸福生活研究院
02-23936013

弹性家具与拉门，放大空间感

 户型第一步idea

"透过定制家具让小客厅能容纳多人用餐真方便，卧榻的和室规划也能让全家一起睡。"

After story

因为客厅很窄又需要多人座位，所以设计师舍弃传统客厅配置，利用定制家具设计一组加长版4人座沙发配上长餐椅，即可成为6人用客厅，用餐时打开折叠餐桌又变成6~8人使用的餐厅。另一方面将紧邻厨房的卧室改为架高和室，不但可当多人睡的通铺使用，透过活动拉门隔间，更打破房间与走廊的隔阂，放大空间感。

厨房　和室　卧室

客厅

大门

After

· 面积：43m² · 室内户型：一室两厅 · 居住成员：一人

253

一个人住也要宠爱自己多一些！
拯救**超闷单身**户型

case108

🚫 看房第一眼OS

"进门处有一个房间大小的空间，作客厅太小、作储藏间又太大。"

"三个房间都太小了，我想要大一些的主卧室。"

Before story

此户十几年屋龄的房子已经出现墙皮剥落、渗水的状况，前业主将此屋作为工作室，久而久之变成堆放杂物的空间，屋子看起来更加凌乱。虽然规划了三个房间，但面积都不大，浴室更狭小、拥挤。对于刚买下这房子的单身女主人而言，空间无法被妥善利用。

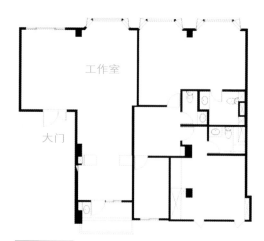

Before

改造大重点**一人住**

空地变艺廊

改造王・
刘荣禄・咏翊设计
02-27491238

电视架取代电视墙，乐趣无界线

👍 户型第一步idea

"通过旋转电视让两边空间都可以灵活运用，进门处挂上相框，变成朋友来访时一定要参观的艺廊。"

After story

改变此屋户型的最大重点在于设计师舍弃传统电视墙的阻挡，让电视墙以一根旋转柱子取代，省下两面墙的空间，让客厅与入门空间产生连接，带来宽敞的视觉效果，也打破空间的单一功能，当朋友聚会时无须受限地坐在沙发上，电视转个方向，客厅和艺廊可串联变身为大娱乐场，玩游戏机或是看电影都很适合。

艺廊　客厅　主卧室　大门　餐厅　卧室　厨房

After

・面积：148.5m² ・室内户型：两室两厅 ・居住成员：一人

一个人住也要宠爱自己多一些!

拯救**超闷单身**户型

case109

🚫 看房第一眼OS

"这房子的户型居然是三角形，大门还开在中间。"

"而且斜边的墙摆上床，客人都不知怎么走去厕所。"

B e f o r e s t o r y

　　此户位于边间的房子有两面采光的优点，但缺点就是户型是奇怪的三角形，加上漏水、楼层高度低有压迫感，让人看第一眼就想放弃，尤其业主除了自住要隔出一室一厅之外，又想当作工作室与小型会议使用，更要让空间具备可灵活变动的弹性。

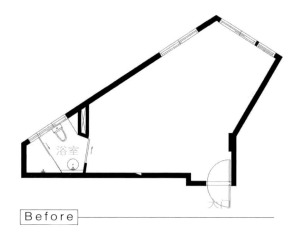

Before

 改造大重点·一人住

机械床设计

把床变不见，住宅变身工作室

 户型第一步idea

"利用掀床的机械设计让床可以并入墙面，空间立刻变得十分宽敞，客人来也不觉得拥挤了。"

After story

　　让人一看就摇头的户型在设计师手上又重新复活！设计师先以一道活动式的拉门区隔出一室一厅，接着利用可掀式的机械床设计，让业主白天可将床藏进壁面、敞开拉门，空间的宽阔感立刻呈现，搭配客厅以旋转电视架、活动家具规划，让空间随时可依人数调整座位，供做简报与开会之用。

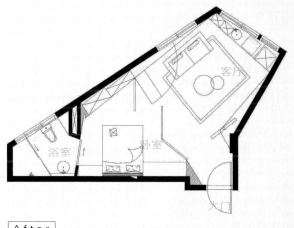

After

· 面积：36m² · 室内户型：一室一厅 · 居住成员：一人

257

一个人住也要宠爱自己多一些！

拯救**超闷单身**户型

case110

看房第一眼OS

"虽然不常下厨，但'一'字形的厨房也太小、太难用了。"

"冰箱卡在路中间，每一样厨房电器都要搬来搬去才能用。"

Before story

小面积的夹层空间将厨房规划在进门处，简易的"一"字形厨房设计，收纳空间明显不足，厨房小家电只能一直往旁边楼梯下方的柜子里堆，每次使用都要搬上搬下，极为不便，冰箱也没有妥善安置的位置，霸占厨房一角令动线更为拥挤了，更别说业主梦想的餐桌区，在原始户型里几乎是不可能实现的事。

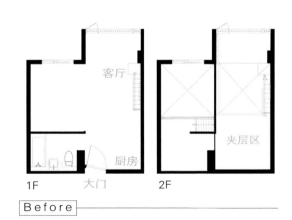

客厅

厨房

1F　　大门

夹层区

2F

Before

改造大重点**一人住**

日光咖啡屋

改造王·
马昌国·俱意设计
02-27076467

厨房加长为L形，伸缩餐桌不占空间

 户型第一步idea

"**加长厨房台面与增加独立电器柜之后，厨房收纳性提高，多出的空间可以摆餐桌了。**"

After story

将原先的"一"字形厨房空间改为L形，大大地增加了厨房的收纳性，冰箱与小家电也有了电器柜可置入。此外，因为将沙发转向之后让出部分空间，设计师特别设计了可伸缩收合的餐桌，可随人数安排2~4人坐，令小面积空间的厨房、餐厅与客厅更互通，成为宽敞、明亮的空间。

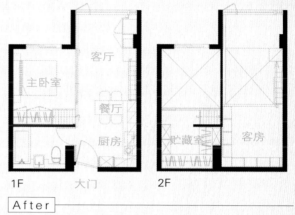

After

· 面积：33m² · 室内户型：两室一厅 · 居住成员：一人

老房户型改造高手 美丽殿设计团队

浴室 + 厨房 + 走道关键击破
先从家中三大动态空间下手
拯救不良老房竟这么简单

01.

将动态空间的考虑优先于静态空间

　　相对于多人轮流使用的动态空间，如厨房、浴室、走道等地方，静态空间就是指卧房、书房等个人使用的地方，美丽殿设计团队认为，需要翻修的老房户型由于当年人口结构与生活习惯，规划户型时常常忽略动态空间，例如浴室只要放得下马桶就好，妈妈总是在又热又窄的厨房里做菜，还有冗长且阴暗的房间走道等，历经时代的变迁，这样的户型概念早已和现代人的生活脱节，这就是老房必须翻修的原因，而秘诀就在将动态空间的考虑优先于静态空间，率先重整浴室、厨房、走道三大区域，就能加倍提升空间的舒适性。

HELP

改造王>>美丽殿设计团队
美丽殿设计
电话：02-27220803
地址：台北市信义区光复
南路547号5楼之3
网站：www.lmad.com.
tw

想拥有舒适宽敞的浴室，就先扩大台面。

狭小浴室
out

　　根据美丽殿设计团队翻修过多达300间居室的经验中统计，不良浴室经常是业主想重新整修房子的动机，过去的住宅设计最不重视的便是浴室，经常将剩下的、畸零的角落留给浴室，但随着舒压、放松概念的流行，狭小浴室已经无法满足现代人对于浴室的渴望，改造浴室成了户型改造的第一步。

改造重点

干湿分离就对了!

　　将浴室的淋浴功能与台盆、马桶分开的做法，便是最基本的干湿分离设计，可借由淋浴间或浴缸上结合淋浴拉门来处理，以四件式(浴缸、台盆、马桶、淋浴推拉门)为基本配备，若空间许可，将客浴的洗手台独立于浴室外，也是逐渐受到业主欢迎的做法。

改造重点

扩大台面就对了!

　　现代浴室和传统浴室最大的不同就是洗手台，以往浴室规划又小又窄，总是一个白瓷台盆靠墙放就解决了，但随着干湿分离的趋势，洗手台不再潮湿，更能以大理石加长台面结合浴柜、镜框、壁灯，打造成充满酒店级质感的卫浴空间，无形中也扩充了浴室的收纳性。

改造重点 3.

升级设备就对了!

　　卫浴空间除了满足基本的洗澡需求，随着业主们对于生活享受的提升，浴室内的设备也会随之升级，例如按摩浴缸、蒸汽室、暖风干燥机、电热毛巾架，等等，甚至搭配影音的娱乐需求，让浴室成为家中的享乐天堂。

加大的双人台面大大提升空间的舒适度，搭配
大面镜框与壁灯，呈现酒店级的浴室氛围。

改这里，生活更方便。

在容易经常被使用的客卫空间，可以将洗手台面独立于浴室外，让家人与客人更方便洗手，不会因为有人在使用卫浴间时同时占去台面空间。

拯救厨房就等于拯救餐厅，
拯救餐厅等于让客厅焕然一新了。

杂乱厨房
out

"家中混乱的源头是厨房收纳不足！"因为当厨房没有地方摆放生活用品时，人们习惯往餐桌上放，所以会看见餐厅里有冰箱、餐桌上有电饭锅、烤箱、微波炉，甚至台面变成摆放奶粉、茶具、水壶等杂物的地方，最后餐厅太拥挤，全家只好改到客厅去吃饭看电视，家无形中就变乱了。所以老房翻修时最需要注意的事，就是规划一间收纳充足的厨房空间。

改造重点 1.

电饭锅、热水瓶放哪里？
→ 厨房收纳是关键。

要解决家中乱象，需从厨房下手，除了要注意烹调时冰箱→水槽→炉具的动线流畅度之外，家电柜也是厨房必要的设计，包含电饭锅、微波炉、烤箱的散热问题，咖啡机、热水瓶、果汁机等小家电的收纳与插座位置，还有储存食材、罐头等好拿取的收纳空间，当生活用品不会从厨房蔓延到餐厅，居家空间就能够更容易维持整洁了。

改造重点 2.

有挥不去厨房的油烟味吗？
→ 煮饭关窗是关键。

许多人对于开放式厨房总是既期待又怕受伤害，尤其家中长辈最担心中式的烹调方式会产生太多油烟，为此美丽殿设计团队特别指出，并不是封闭式的厨房就不会有油烟外溢的问题，重点是你开排油烟机时应该关窗！如果没有关掉厨房窗，那么排油烟机抽到外头的烟很容易又进到厨房内变成循环，也就容易飘溢到餐厅和客厅去了！所以即便是开放式的厨房空间，只要在炒菜开排油烟机时，关起厨房的窗、打开客厅的窗，让空气从客厅流向厨房把油烟带进排油烟机中，自然就闻不到油烟味了！

改造重点 3.

寻找完美的厨房动线？
→ ∏形是关键。

最完美的厨房规划是∏形厨房，美丽殿设计团队表示，∏形厨房最能够缩短烹调时的行走动线，让物品都在转身处可以取得，另一方面也可以规划较足够的电器柜、工作台面。尤其是现代橱柜设计的美感性强，与餐厅之间可规划双扇玻璃、镜面推拉门的活动隔间，平时打开可让餐厨空间感扩大，关上时也能成为餐厅独特的墙面装饰。

每个人都讨厌的走道不如放宽它吧！

要解决讨人厌的走道问题的方法有两个，一是大动隔间，将100cm走道放宽至200cm，变成餐厅，使餐厅成为环绕动线的中心，就能消除走道感；另一个方法就是微调走道宽度至130cm，增加走道的附加功能，让家多出另一个休闲的第三空间。

改造重点 *1.*

放宽30cm，窄走道变身家中艺廊

通往房间有无法避免的走道，除了将厨房移位、中央的房间撤掉作为餐厅来调整动线之外，将客厅与餐厅之间走道扩大为130cm，搭配墙面装饰挂画、相框或间接灯光等，让这个过渡空间变成家中美丽的风景。

Before

After

改造重点 *2.*

退缩55cm，罚站型阳台变身露天咖啡座

一开始被业主嫌弃这个只能罚站用的小阳台，但墙面内缩退55cm后，让业主多获得了一个喝茶赏景的休憩空间，客厅多了视觉延伸的空间感，生活在其中也格外舒服！

Before

After

老房户型改造高手　王俊宏

修正楼梯 + 餐厅 + 卫浴间的户型缺点

重整顶棚结构，建立舒适动线

四十年老房的回春计划

02.

从结构的改造，连带解决户型与屋况的缺点

现今面对新房房价、公摊面积比例的居高不下等问题，老房遂成为业主购屋时的主要选择，因为与其花钱买公摊面积，不如花钱做结构、管线的基础工程，而且还有周边环境与交通便利的优点。

建议业主在购得老房时，需请专业的设计师通过设计、规划，做好管线、户型、防水、采光等基础工程规划，让空间户型与动线更贴近生活。除了光线、动线的规划外，结构性的基础工程也是要必须注意的。尤其是三四十年的老房户型，更应该注意结构性的问题，最常遇到的莫过于顶棚或地板的倾斜问题，再来便是墙面、梁柱、楼梯等垂直动线的规划问题，一旦结构性的问题能有效获得解决，空间本身的户型是否开阔、连贯，采光、通风是否良好等问题将获得有效的改善。

HELP

改造王>>王俊宏
王俊宏室内装修设计工程
有限公司 / 森境建筑工程
咨询有限公司
电话: 02-23916888
地址: 台北市信义路二段
247号9楼
网站: www.wch-
interior.com

老房内的楼梯，是第一个要更改的结构。

王俊宏设计师表示，楼梯所在位置不对，就容易造成空间动线不佳，而楼梯本身也易产生局促、阴暗等问题，所以这部分在遇到老房的建筑形式时，就形成一定要做更改的结构部分。不管是楼梯本身的宽度加宽、或踏阶、扶手材质更换、位置方向的改变，都能化解空间户型、动线不良等问题。

改造重点 *1.*

上下楼层间的动线不佳？
→楼梯位置是关键。

原始楼梯动线，必须要走很久才会到达上层或下层空间。于是在设计上，为了不使上下楼梯时产生疲惫感受，通过楼梯的二折式设计，缩短行动距离，同时利用转折的分段点，形成一个个区域的延伸，或者形成暂时停留的一小片风景，促成空间丰富的趣味。

改造重点 *2.*

传统楼梯设计笨重又压迫？
→使用材质是关键。

楼梯部分在设计上，摒除传统其量体所使用的材质与形意上产生的笨重及压迫感受。改以铁件、木作、玻璃等材料，引申出轻盈、通透的意象，成为空间里的视觉焦点，以及连络上下楼层垂直动线的主轴，运用穿透、延伸的视觉效果，强调空间开阔的意趣。

改造重点 *3.*

楼梯令空间感不足怎么办？
→玻璃界面是关键。

颜色以清浅为空间主要背景，静缓的铺叙业主品位与态度，借由楼梯扶手以玻璃材质取向，目的就是在于可以让光线、视觉自由地穿越，形成通透、连贯的空间感受。借由线面的利落度，诠释优雅与纯粹的关系，运用延续的线性因子，发展完美的空间态度。

改这里，生活更方便。

将楼梯以二折式的动线规划，消除过去过长而狭小的楼梯印象，在走动的过程中，是开放、舒适的，且通过对外窗，光影顺势而下，围塑明亮感受。

将地下室餐厅增建的区域, 全部退回,
保留开阔意象。

增建区域
out

设计上将原有位于地下一楼的餐厅部分, 退回原有增建的空间, 符合原始建筑结构的规划, 利用落地玻璃连接户外环境, 给人以视觉开阔的感受, 而光影的引入, 成为单纯的线面里最佳的动态表情, 消除原本采光不足的缺点, 同时与室内间接照明, 形成丰富的层次表情。

 改造重点 *1.*

开放规划, 拉宽空间感受

由于餐厅、视听区、书房位属于同一轴线, 王俊宏设计师以开放方式规划全区, 利用顶棚的造型设计作连贯、延伸的表现, 通过无介质的设限、界定, 借由落地玻璃引入的自然光线, 让整个厅区感觉更加开阔、无碍, 有效地放大、拉宽空间感受, 消除原有局促、压迫的空间意象。

 改造重点 *2.*

利用高度, 变化动线功能

利用楼梯方向与踏阶数目, 将地下一楼区域一分为二, 沙发后方就是利用楼梯方向、踏阶数目的高低落差规划出来的收纳空间与廊道, 有效地做出空间于功能上的转换与变化, 使得即使在同一个楼层中, 多元化的功能性可以被介质、高度、楼梯给清楚地划分开来, 维持空间舒适的利落度。

 改造重点 *3.*

格栅设计, 引导光影变化

地下一楼的廊道空间利用玻璃介质、踏阶高度与厅区做区隔, 保持通透、开阔的空间意趣, 为了加深区域高度与层次感受, 在顶棚造型上利用格栅的语汇, 引光迤洒而下, 制造出丰富的光影层次, 与一旁实木接口的自然纹理呼应, 连贯出舒适、悠闲的空间感受。

将餐厅空间原增建的部分还原, 利用落地玻璃引入光线, 建立空间开阔的感受。

利用实木做柜体隐藏门扉的设计, 后方规划卫浴与收纳空间, 维持廊道的利落意趣。

将洗手台独立吧!
建立开阔的卫浴空间

拥挤卫浴
out

　　为了不让生活中使用卫浴空间时，发生你争我夺的状况，于是重新规划户型时，在卫浴空间功能属性的配置上，特地将洗手台与卫浴空间做分开的独立设计，不仅增加舒适度与便利性，连卫浴空间感的开阔，都可以清楚被感受到。

改造重点 *1.*

独立台盆就对了!

　　设计师在卫浴空间的设计规划上，首先为了解决因为面积原因，造成动线过于局促，或者功能使用率降低的问题。于是将洗手台独立出来规划，以维持卫浴区域的利落与开阔度。而将洗手台独立出来的创意规划，无疑会放大生活上的使用功能。

改造重点 *2.*

创意设计就对了!

　　成为空间主角的洗手台，为了符合结构、管线的安排，在给水系统上，自顶棚垂直而下规划管线，打破传统的制式设计，给水设备管线及造型的安排，显得独特而有型，不仅增加空间的创意感受，也替视觉、生活带来新颖的可能性。

改造重点 *3.*

隐藏规划就对了!

　　如果卫浴空间的开口位置不佳，可利用隐藏门规划进出动线，与廊道立面合而为一。而立面主要以实木为主，通过自然纹理，隐藏开口线条，整合出廊道空间的协调感受。

独立设计的洗手台，出水管线设计于顶棚上，采用垂直设计，增加空间的创意、趣味。

利用隐藏方式，规划卫浴空间的动线开口设计，维持立面的协调感受。

客座主编 Q & A

SH｜客座主编｜

美丽殿设计团队
美丽殿设计

台北市信义区光复南路 547 号 5 楼之 3
02-27220803　www.lmad.com.tw

Q：我家后阳台是防火巷，邻居在家做什么都一清二楚，重新安排户型可以解决吗？

A：公寓通常都有前阳台，也都位于邻巷道的黄金位置，但是阳台几乎都已被外推和客厅结为一体，原本和对巷住户之间的"视觉屏障"也因此消失了。其实户型重新规划并不能解决这个问题，因为巷道内的房屋只要有窗户存在，就会有这种"彼此看光光"的问题。设计师只能利用"屏障物"来改善了，可采用"既能遮蔽视线穿透，又不会完全阻绝采光"的屏障物，例如半透性玻璃、反光隔热纸、百叶窗帘、栽植等材料。

Q：决定新的户型前，和房子的坐向有没有关系？

A：居家的采光、通风、湿度和风水都会因坐向而被牵动。不过目前都会区中的高楼建筑物已经很难兼顾所谓的"风水坐向"了，毕竟不是所有的房子都能拥有"坐北朝南"或"坐南朝北"的最佳坐向。通常只能将采光面最好的区域规划为客厅和主卧室，其次才是次卧室和其他空间。

Q：您遇到的业主会提出来的第一个问题是什么？又是如何解决？

A：最常碰到的问题就是担心家中的收纳空间不够。业主会有这种"集体恐惧症"是情有可原的，其中最强烈的感受就是"我们家已经乱到爆了、东西已无处可堆放了"，所以一见到设计师就如久旱逢甘露，急着把多年的苦楚一吐为快。许多业主给我的感觉像是来要求设计"仓储中心"而非居室的，这样反而缺乏以人为本的生活了。

我通常会等业主充分地宣泄苦闷之后才能进入引导，一定要先循线找出家中的乱源，分析研究的结果是乱源往往都是"人"而非"物"，总结都是"新物品不断购入、旧物品不整理不汰换"所造成的。我会建议业主应该先评估和计算出合理的收纳量之后再着手规划，通常业主回去评估计算之后，观念就会改变，会开始和杂物计较空间、会开始舍不得让杂物占据价值数百万元的面积了。总之，要解决收纳的问题，就要先解决人的问题，否则再多的收纳柜终究都会不堪使用，徒然浪费装修费用而已。

SH｜客座主编｜

王俊宏
王俊宏室内装修设计

王俊宏室内装修设计
台北市信义路二段 247 号 9 楼
02-23916888　www.wch-interior.tw

森境建筑工程咨询有限公司
上海办公室：上海市黄浦区延安中路 551 号
+86 02152410118　s.design1688@gmail.com

Q：未来的浴室设计哲学和以前有什么不同？

A：过去的浴室均是将所有的功能及设备置于单一空间中，也许是生活习惯的使然。而如今乃至未来的设计方向，可能会将单一功能（设备）更多地进行分别思考。例如许多的洗手台从浴室挪出来的设计，一来可以增加空间的趣味性；二来可以有新的生活习惯。例如同时出现两位欲使用洗手台和马桶功能的人，该设计可以让两人同时使用并且互不干扰。

Q：如果想用橱柜来做隔音，如何达到安全、隔音等要求？

A：若想采用橱柜来进行隔音，可在橱柜与橱柜间的夹壁中塞入符合高耐燃测试标准的隔音棉。甚至在夹壁位置做符合高耐燃测试的硅酸钙板隔间，并填入高耐燃的隔音棉。

Q：我家正准备重新装修，阳台可以改建成浴室吗？

A：对于阳台变更为浴室乃是万万不可行。一是违反建筑法规；二是改建成浴室后，水的载重（浴缸）可能远远超过该建筑原本的结构设计，进而导致该建筑存在不安全因素。

Q："动线"对一般屋主来说，真正和生活有关系的部分是什么？

A："动线"即为使用者在行走时点对点的联机。无论是室内或室外，行走时是否感到舒适性及便利性。若动线有其障碍物，则行走时会有所阻碍并感受到其不舒适及不方便。以厨房为例，没有考虑到整体厨房使用上的顺序，一顿饭的炊事可能会走上好几公里的距离。

SH │客座主编│

陈 怡 伦

爱菲尔系统家具装潢设计

04-24632677
www.eiffel.tw

Q：我喜欢开放式厨房，但本身鼻子过敏，很介意油烟问题，有办法解救吗？

A：开放式厨房空间感较好，整体性强，所以越来越多的人选择了开放式厨房。但最头痛的点就是油烟的问题，一般最常见就是设置活动推拉门，但这是属于比较消极的做法。较正确的方式为：

1.厨房的整体规划。热炒区应规划在不靠窗的角落边（称为负压），设计出一个可以自然进气的气流（称为正压），如此便可借由气体压力搭配排油烟机而形成一个有效气体引导。

2.选择适合的厨具配件，如排油烟机、蒸炉、烤箱、高压锅等减少传统热炒烹调的方式，也可避免大量油烟产生。

Q：我和先生身高差距 20cm，手常摸不到吊柜，低一点又怕先生撞到头，想换新橱柜时该怎么办？

A：标准厨具下柜台面高度为 85cm，台面到吊柜底部至少需保留 70cm，吊柜底部离地为 155cm。台面深度为 60cm，吊柜深度加门板为 37cm。如此的尺寸不易撞到头。如果因为吊柜最上方的东西不易拿取，也有相对应的五金，如下拉式拉篮就可以有效解决吊柜上方不易拿取的问题。在欧美国家规划的尺寸也是如此，最好将水槽柜上升约 10cm，以避免身材高大者长期弯腰造成的脊椎伤害。

Q：听说想设计 ∏ 形或 L 形厨房，是有空间限制的，请问要怎么判断我家可以做哪一类型的厨房？

A：一般 ∏ 形厨房需要 7m² 以上的空间，L 形厨房需要 5m² 以上的空间。但是依照面积规划是非常不准确的，因为 7m² 正方形与 7m² 长方形的空间就有不一样的规划，所以建议请专业人员现场测量，以实际空间规划出最适合的厨房空间。

SH │客座主编│

王 瑞 基

星空夜语艺术有限公司

台北市重庆北路一段 22 号 11 楼之 1
0991-290-290   www.starlucky.com

Q：如果是将星空艺术漆画设计在墙面，小孩手摸脏了该如何处理？

A：星空感光漆画为亚克力漆，经彩绘完毕后涂料转为硬化树脂，小孩手摸脏，用湿纸巾轻轻擦干净即可。

Q：这种漆面有没有危险性，因为我本身有过敏体质？

A：星空感光漆，它本身不含毒性，也不会挥发有毒气体，对人体与环境都不会造成污染，相当安全，不会引起过敏体质。

Q：设计施工费用如何计算？

A：星空感光艺术漆画 10m² 以内约为 9330 元，超出 10m² 以每平方米 3500 元计价。

Q 从主题设计到施工完成，大约需要多少时间？雨天会影响干燥时间吗？

A：星空感光艺术漆画施工时间，以一间 10~16.5m² 儿童房为例，大约需要一天，雨天不会影响干燥时间。

Q：星空艺术漆可以制造出深邃的空间效果吗？

A：当然可以，专业的星空绘画设计师特别依照每颗星星的大小及星星之间的距离，按视觉比例绘制成苍穹，睡前拉上窗帘，关上灯之后，满天星星出现在眼前，再来段自然虫鸣、水声音乐，令人仿佛置身山林间，与大自然融为一体。

图书在版编目(CIP)数据

户型改造王：不管买到什么房子都有救 /美化家庭编辑部编 .
－武汉：华中科技大学出版社，2016.4（2020.10重印）
（悦·生活）
ISBN 978-7-5680-1024-5

Ⅰ. ①户… Ⅱ.①美… Ⅲ.①住宅－室内装饰设计 Ⅳ.①TU241

中国版本图书馆CIP数据核字(2015)第157646号

本书中文简体出版权由台湾风和文创事业有限公司授权，同意经由华中科技大学出版社有限责任公司出版中文简
体字版本，非经书面同意，不得以任何形式任意复制、转载。
湖北省版权局著作权合同登记号　图字：17-2015-286号

悦·生活
户型改造王：不管买到什么房子都有救
HUXING GAIZAOWANG: BUGUAN MAIDAO SHENME FANGZI DOU YOUJIU

美化家庭编辑部　编

出版发行：华中科技大学出版社（中国·武汉）
地　　址：武汉市武昌珞喻路1037号（邮编:430074）
出 版 人：阮海洪

责任编辑：杨　淼　　　　　　　　　　　　　　　　责任监印：秦　英
责任校对：赵爱华　　　　　　　　　　　　　　　　装帧设计：张　靖

印　　刷：天津市光明印务有限公司
开　　本：787 mm×996 mm　1/16
印　　张：17
字　　数：340千字
版　　次：2020年10月第1版第14次印刷
定　　价：69.80元

投稿热线：(010)64155588-8000
本书若有印装质量问题，请向出版社营销中心调换
全国免费服务热线：400-6679-118 竭诚为您服务
版权所有　侵权必究
本书由台湾风和文创事业有限公司正式授权出版。